華南植物園

# 珍奇植物

**主编** 任海

**副主编** 韦强 王少平 林侨生 何洁英 叶育石 陆宏芳

華中科技大學出版社
http://www.hustp.com
中国·武汉

# 编委会名单

# 前　言

据统计，全世界有高等植物30多万种，这些植物既是地球的组成部分，也是支撑包括人类在内的地球上其它生物生存的基础。在这个植物多样性的世界里，由于遗传多样性、生境多样性和人类干预的原因，各种植物在大小、形态、结构、成分和气味等方面千差万别，并形成了许多珍稀和奇趣的植物。这些珍奇植物当然也引起了人们的关注，一些还变成了植物保护和利用的“代言人”，成为“明星”级植物。

我从事植物生态学研究已近20年，每当看到植物园的一草一木，特别是那些珍奇植物，总是有一种特别亲近的感觉，感觉到它们在呼唤：“我们植物是人类的朋友，热爱自然中的植物吧！我们不仅给大自然带来绿色，还给人类带来欢乐！”我相信，我们的读者朋友也会有这种感觉，也会与我们一起保护好这片土地上的珍奇植物。

在2006年的《珍奇植物》第一版基础上，经修订再版，我们推出了第二版，新增了约20种植物，换上了一批更高质量的植物照片，并对第一版中的错漏之处进行了更正。这次收录种类的排列方式仍为：蕨类植物按秦仁昌（1978）系统，裸子植物按郑万钧（1978）系统，被子植物按哈钦松（1926，1934）系统。本书由科技部支撑计划课题（2008BAJ10B03-5）和广东省科技厅项目（2011B060400003）资助出版。

参与本书修订工作的有任海、韦强、叶育石、王少平、林侨生、陆宏芳等同志，提供图片的还有杨科明、李泽贤、曾庆文、张倩媚、徐克学等同志。特别需要指出的是，虽然有一些参与第一版的同志不再参加这一版的工作，但他们仍然为本书作出了巨大的贡献，因为本书是在华南植物园园艺中心与科研中心许多同志历年工作基础上完成的，特此向他们致以崇高的敬意！我们也参考了一些同行的成果，限于篇幅，不一一列举，在此仅向有关同行表示感谢。由于水平有限，疏漏甚至错误在所难免，恳请各位读者、专家和朋友不吝赐教。

2011年10月于广州

# 目录

# 第一章 蕨类植物

# Pteridophyta

## 七指蕨

**Helminthostachys zeylanica** (Linn.) Hook.

七指蕨科 Helminthostachyaceae

国家二级重点保护野生植物。

据 IUCN 和《中国物种红色名录》的标准为濒危种。

形态特征 多年生草本。根状茎肉质，横走。叶柄直立，革质，长 15~40 cm，基部有 2 片淡棕色肉质托叶；顶部由不育叶和孢子囊穗组成，不育叶常掌状 3 裂，每一裂片由 1 顶生羽片及 1~2 对侧生羽片组成；叶薄草质，无毛，中肋明显。孢子囊穗由不育叶片的基部生出，单生，直立，通常高于不育叶。孢子囊顶端有不育的鸡冠状突起。

地理分布 广东、海南、云南、台湾。南亚、东南亚以及大洋洲地区。

生长环境 生于低海拔潮湿处或沼泽中。

养护要点 栽培需用腐殖质土，要求排水良好，荫蔽，高湿度环境。

濒危原因 生境受到影响及过度采挖。

用　　途 嫩叶可作蔬菜；根状茎入药，润肺化痰，外敷治毒蛇咬伤。

# 福建观音座莲

莲座蕨科 Angiopteridaceae

按 IUCN 和《中国物种红色名录》的标准为易危种。

## **Angiopteris fokiensis** Hieron.

形态特征 多年生大型草本，高可达 3m。根状茎直立，莲座状排列，下面簇生有圆柱状的粗根。叶自根状茎顶端生出，簇生，叶片阔卵形，长达 60cm 以上；2 回羽状复叶，羽片 5~7 对，互生，末回小羽片披针形；顶生小羽片与侧生小羽片同形；叶脉开展，下面明显，分叉。叶柄粗壮、肉质、多汁，长约 50cm，上面有纵沟，基部具有肉质的托叶状附属物。孢子囊群长圆形，棕色，生于距叶缘 1mm 叶脉上，呈两列分布。

地理分布 广东、广西、贵州、湖南、湖北、福建、香港、澳门。日本。

生长环境 喜生于阴湿凉爽的山地林下、沟谷、溪边。

养护要求 需要遮阴和喷雾，宜种植在排水良好、腐殖质丰富的土壤中。

用　　途 优良园林景观植物；根状茎含有丰富淀粉，可供食用；其根茎入药，有祛风解毒的功效。

# 金毛狗

## Cibotium barometz (Linn.) J. Sm.

蚌壳蕨科 Dicksoniaceae
国家二级重点保护野生植物。
按 IUCN 和《中国物种红色名录》的标准为渐危种。

形态特征　多年生草本，高达 3m。根状茎粗壮而卧生，基部被一丛垫状的金黄色茸毛，上部光滑，形如狗头，故名金毛狗。叶柄长达 1.2m，粗 2~3cm，棕褐色；叶片革质，长宽均约 1.8m，三回羽状复叶。叶干后上面褐色，下面灰白或灰蓝色，两面光滑。孢子囊群生于小脉顶端，棕褐色。囊群盖坚硬，内外两瓣，长圆形，成熟时开裂，形如蚌壳。
地理分布　广布于长江流域及其以南各省区。亚洲热带地区。
生长环境　生于山谷、沟边及疏林下阴湿处，是热带、亚热带气候区酸性土壤的指示植物。
养护要求　宜种于富含有机质、排水良好的沙壤土中，在湿度大的半阴环境生长良好。
濒危原因　过度采挖，导致种群数量减少是主要原因。
用　　途　根状茎药用，补肝肾、强腰膝、除风湿、利尿通淋。

# 桫椤

## Alsophila spinulosa (Wall. ex Hook.) R.M.Tryon

桫椤科 Cyatheaceae
国家二级重点保护野生植物。
按 IUCN 和《中国物种红色名录》的标准为渐危种。

形态特征　树蕨，茎直立，高可达 7m。主干圆柱形，胸径 10~30cm。叶簇生，螺旋状排列在茎顶端；叶柄粗壮，基部密被鳞片，向上具小刺及疣突；叶片长达 3m，长圆形，纸质，正面绿色，背面灰白色，三回羽状深裂，羽片多数，矩圆形，长 30~50cm，顶端渐尖，小羽片线状披针形，羽裂几达小羽轴。孢子囊群圆球形，着生于叶背小脉分叉点的囊托上。囊群盖球形。
地理分布　华南地区、西南地区、香港、澳门和台湾。东南亚、中南半岛及日本。
生长环境　生长于海拔 260~1 600m 处，多在山沟的潮湿坡地和溪边。
养护要求　宜种植于半阴、湿度大的环境中，需喷雾和浇水。在土壤腐殖质丰富环境下生长良好。
濒危原因　主要是生态环境的改变及过度采挖等原因。
用　　途　园林绿化；树干内的白色髓心入药，能祛风除湿，活血去瘀。

桫椤科 Cyatheaceae
国家二级重点保护野生植物。
按 IUCN 和《中国物种红色名录》的标准为濒危种。

# 细齿黑桫椤

## Gymnosphaera hancockii (Cop.) Ching

形态特征 中型树状蕨类植物，株高 0.6~1.5m，主干粗短，密被鳞片。叶簇生；叶柄长 30~90cm，暗棕色，有疣状突起；叶片披针形，长 35~55cm，二至三回羽状深裂；羽片互生，有短柄，长达 30cm；小羽片互生，近无柄，长圆形，深裂达中脉，裂片长圆形，稍偏斜，顶端圆钝，边缘具锯齿；叶脉羽状，单一或少有二叉。孢子囊群圆形，着生于侧脉中部，沿中脉两侧各排成 1 行。无囊群盖。

地理分布 广东、广西、浙江、江西、福建、湖南、贵州、四川、香港、台湾。日本。

生长环境 生于密林下、沟谷或溪边。

养护要点 宜种于含有机质、排水良好的沙壤土中，在湿度大的半阴环境生长良好。

濒危原因 主要是森林的过度砍伐，生态环境的改变。

用　　途 观赏。

# 黑桫椤

## Gymnosphaera podophylla (Hook.) Cop.

形态特征 树蕨，主干粗短，高可达 1~3m。叶簇生；叶柄栗黑色至深紫红色，稍光亮，粗糙或略有小尖刺，基部稍膨大，并被黑色的长鳞片；一至二回羽状复叶，叶片长 2~3m；羽片互生，斜展，柄长 2~3cm，长圆状披针形，长 30~55cm，中部宽 10~18cm，顶端长渐尖并有小锯齿；小羽片约 20 对，互生，线状披针形，长 8~10cm，宽 1.2~1.5cm，顶端尾状渐尖并有浅锯齿；叶纸质；叶脉两面均隆起，小脉约 3 对。孢子囊群圆形，无囊群盖，着生于小脉近基部。

地理分布 广东、广西、云南、浙江、福建、香港、澳门、台湾。中南半岛、日本。

生长环境 生于海拔 95~1 100m 的密林下、沟谷或溪边。

养护要点 需要遮阴和喷雾。在空气湿度大，土壤腐殖质丰富的环境生长良好。

濒危原因 主要是森林的过度砍伐和生态环境的改变。

用　　途 观赏。

桫椤科 Cyatheaceae
国家二级重点保护野生植物。
按 IUCN 和《中国物种红色名录》的标准为濒危种。

# 笔筒树

## **Sphaeropteris lepifera** (J. Sm. ex Hook.) R.M.Tryon

桫椤科 Cyatheaceae
国家二级重点保护野生植物。
按 IUCN 和《中国物种红色名录》的标准为渐危种。

形态特征　树蕨，茎直立，高达 12m，胸径 10~20cm，基部密被交织的不定根，向上有清晰的叶痕，顶部残存少量宿存的叶柄。叶螺旋状排列于茎端。茎端、拳卷叶及叶柄基部密被鳞片和糠秕状鳞毛，鳞片灰白色至淡棕色。叶柄长 40~60cm，通常棕禾秆色，连同叶轴、羽轴具有小瘤状突起，在背面两侧各具一条不连续的淡绿色气孔线；叶片大，长矩圆形，长´.5~3m，宽 0.8~1m，三回羽状深裂；小羽片 25~30 对，互生，披针形；裂片 20~25 对，披针形，全缘；叶脉通常二叉；叶厚纸质，羽轴及小羽轴均被棕黄色针状毛及小鳞片，并具疣突。孢子囊群生侧脉分叉处，具隔丝，囊托突起。

地理分布　台湾。菲律宾、日本琉球群岛。福建、广东、香港有栽培。

生长环境　生于海拔 1 500m 以下的路边、林缘、或山坡向阳处。

养护要点　喜空气湿度大、土壤湿润的环境。宜种植于半阴环境，需经常浇水及喷雾。

濒危原因　主要是森林的过度砍伐，生态环境的改变。

用　　途　园林观赏。

# 荷叶铁线蕨

## **Adiantum reniforme** Linn. var. **sinense** Y. X. Lin

铁线蕨科 Adiantaceae
国家一级重点保护野生植物
按 IUCN 和《中国物种红色名录》的标准为极危种。

形态特征　多年生草本，植株高 5~20cm。根状茎短而直立，顶端密被棕色披针形鳞片和细长的柔毛。叶柄深栗色，柄长 3~14cm，基部密被鳞片。叶簇生，单叶；叶片圆肾形，直径 2~6cm，叶柄着生处有一缺刻，叶片上面围绕叶柄着生处，形成 1~3 个同心圆圈；叶片边缘有圆钝齿；叶脉由基部向四周辐射，多回二岐分枝，两面可见；叶片纸质；孢子叶片边缘反卷。孢子囊群长圆形，沿叶边分布。

地理分布　四川、湖北等局部地区。

生长环境　生于海拔 350m 的温暖、湿润和没有荫蔽的岩面薄土层上、石缝或草丛中。喜生于微碱性岩石缝中。

养护要点　宜种植于含钙质丰富、排水良好的土壤中。需喷雾。

濒危原因　主要是生态环境的改变。

用　　途　全草入药，清热解毒；叶形奇特，宜盆栽观赏。

# 水蕨

## **Ceratopteris thalictroides** (Linn.) Brongn.

水蕨科 Parkeriaceae
国家二级重点保护野生植物。
按 IUCN 和《中国物种红色名录》的标准为渐危种。

形态特征 草本，高 30~70 cm，柔软多汁，呈绿色。根状茎短而直立，以须根固着于淤泥中。叶簇生，二型。不育叶的柄长 10~40cm，粗 6mm，绿色，圆柱形，叶片直立或漂浮，狭长圆形，长 10~30cm，宽 5~15cm，二至四回羽状深裂，羽片 5~8 对，互生；能育叶长圆形，长 15~40cm，宽 10~22cm，二至三回羽状深裂，羽片 3~8 对，互生；叶片两面光滑无毛。主脉两侧的小脉联结成网状，网眼 2~3 行。孢子囊沿能育叶的裂片主脉两侧的网眼着生。

地理分布 长江流域以南大部分省区。广布于世界热带及亚热带各地。

生长环境 生于沼泽、水田或水沟的淤泥中，有时漂浮于水面上。

养护要点 水生植物，宜种植于光照充足，肥沃潮湿的淤泥中和水边。

濒危原因 主要是生态环境的改变。

用　　途 园林观赏，点缀于沼池之中，富有野趣；或盆植供室内观赏；全草可入药，可散瘀、解毒；嫩叶可作菜肴。

铁角蕨科 Aspleniaceae
奇特植物

# 新大羽铁角蕨

**Asplenium neolaserpitiifolium** Tard. Blot & Ching

形态特征 附生草本，植株高 60~70cm。根状茎短而直立，粗壮，木质，顶端密被深棕色鳞片。叶簇生，柄长 24~35cm，有光泽，深青灰色，上面有阔纵沟。叶片大，长 50~60cm，中部宽 28~40cm，三至四回羽状深裂，羽片 10~12 对，小羽片羽状分裂或深裂；叶脉近扇形，两面均明显，隆起呈沟脊状，几达叶边。叶软纸质，干后草绿色。孢子囊群线形，长可达 8mm，棕色。囊群盖线形，黄褐色，厚膜质，全缘，通常相对开。

地理分布 海南、云南、香港、台湾。越南。

生长环境 附生于海拔 650~800m 的密林中的树干或岩石上。

养护要点 种植于排水良好，富含腐殖质的土壤中。需喷雾。

用　　途 园林中可点缀于假山的岩缝中，富有野趣。

# 巢蕨

**Neottopteris nidus** (Linn.) J. Sm.

形态特征 大型附生蕨，植株高可达 1.2m。根状茎短而直立，木质，深棕色，密生鳞片，并密生大团海绵状须根，能吸收大量水分。叶簇生，辐射状，丛生于根状茎顶部，中空如鸟巢，能收集落叶及鸟粪；叶柄长约 5cm，干后下面为半圆形隆起；叶片阔披针形，长 90~120cm，革质，渐尖头，中部最宽，叶边全缘并有软骨质的狭边；叶脉两边稍隆起，斜展，平行。孢子囊群长条形，长 3~5cm，生于侧脉上侧，达叶片的 1/2，叶片下部通常不育。囊群盖条形，膜质，浅棕色。

地理分布 广东、海南、广西、贵州、云南、西藏、香港、台湾、澳门。亚洲热带、大洋洲、西印度洋群岛及东非。

生长环境 常附生在热带雨林内的乔木的树干或岩石缝中。

养护要点 栽培土壤要求排水良好、富含腐殖质。需要遮阴及喷雾。每月施稀薄饼肥水 1~2 次。

用　　途 大型观叶植物。

铁角蕨科 Aspleniaceae
奇特植物

# 苏铁蕨

乌毛蕨科 Blechnaceae
国家二级重点保护野生植物。
按 IUCN 和《中国物种红色名录》的标准为濒危种。

## **Brainea insignis** (Hook.) J. Sm.

形态特征 树状蕨，高达 1.5m，状如苏铁。主轴粗壮直立，粗 10~15cm，单一或有时分枝，黑褐色，木质坚实，顶部与叶轴均密被线形鳞片。叶簇生于主轴顶部，略为二型；柄长 10~30cm，粗 3~6mm，坚硬；叶片椭圆披针形，长 50~100cm，革质，两面无毛，一回羽状复叶；羽片 30~50 对，对生或互生，线状披针形；叶轴棕禾秆色，上面有纵沟；叶脉两面明显，主脉两侧各有 1 行三角形网眼。孢子囊沿主脉两侧的小脉着生于叶背，成熟时最终满布于能育羽片下面。
地理分布 广东、广西、贵州、福建、云南、香港、澳门、台湾。柬埔寨、老挝、越南。
生长环境 生于山地疏林或灌丛中，喜光亦耐半阴。
养护要点 宜种于疏松、肥沃、排水良好的土壤中，阳光充足时生长良好。
濒危原因 主要是过度采挖及生境遭受破坏。
用　　途 观赏及药用。

# 胎生狗脊

## **Woodwardia prolifera** Hook.& Arn.

形态特征 多年生草本，植株高 0.8~2.5m。根状茎横卧，黑褐色，密被蓬松的鳞片。叶近生；柄粗壮，长 0.3~1.1m，基部宿存；叶片长卵形，长 0.4~1.2m，宽 30~40cm，二回羽状深裂达羽轴两侧的狭翅；羽片 5~13 对，一回羽状深裂；裂片 10~24 对，披针形，基部以阔翅相连，边缘有细齿；叶脉明显，羽轴及主脉均隆起，棕色；叶革质，无毛。孢子囊群粗短，形似新月，生于裂片背面主脉两侧的网眼上，深陷叶肉内，在裂片的上面形成清晰的印痕。孢子在母株上发芽，生成小植株，然后脱落。
地理分布 广东、广西、安徽、浙江、福建、江西、湖南、香港、台湾。日本。
生长环境 生于林下阴湿地或溪边。
养护要点 耐半阴，忌强光直射，性喜温暖至高温多湿环境，不耐干旱，栽培宜用肥沃、疏松和排水良好的腐殖质土。
用　途 奇特的胎生植物，株形秀美。孢子发芽时，在叶的裂片上长着无数的小植株。适宜在庭园的山、石、水景配植。

乌毛蕨科 Blechnaceae
奇特植物。

# 二歧鹿角蕨

鹿角蕨科 Platyceriaceae

奇特植物。

## Platycerium bifurcatum (Cav.) C. Chr

形态特征 大型附生蕨；植株高 50~100cm。根状茎粗短肥厚，有分枝。叶二型，营养叶鸟巢状直立，基部心脏形，厚肉质，边缘波状，幼时淡绿色，干枯后变为褐色，覆瓦状盖于根状茎上，以积聚腐殖质及保护根状茎免受干旱的威胁，叶脉下陷，具贮水组织；孢子叶直立，伸展或下垂，长 25~100cm，远长于营养叶，多回掌状二歧深裂，形似鹿角状分叉。孢子囊群生于圆形增厚的小裂片下面，隔丝呈毛状，孢子黄色。

地理分布 原产澳大利亚东部沿海亚热带森林、新几内亚、小巽他岛及爪哇，现世界各地广为栽培。

生长环境 多附生于树干分杈处或树皮开裂处，也可生于潮湿的薄被腐殖土的岩石上。

养护要点 喜温暖湿润环境和明亮的散射光，对土壤要求不高，夏季宜多喷水以保持空气湿度。

用　途 株形奇特，叶大下垂，室内垂吊栽培，别具热带情趣，是室内装饰的珍贵种类。

# 第二章　裸子植物

# Gymnosperms

## 粗壮角果苏铁

**Ceratozamia mexicana** Brongn.var. **robusta** (Miq.) Dyer

形态特征　树高可达2m，胸径30cm。羽状叶长1.5~3m，黑绿色，有光泽；羽片50~100对，披针形，对称，中部以下最宽，厚革质，边缘反卷；叶柄长20~60cm，具刺。雄球花，褐色，卵状圆柱形，长30~50cm，直径10~14cm；雌球花，灰白色，卵状圆柱形，长30~50cm，直径10~14cm。种子卵形，长2.5cm，宽2cm。

地理分布　原产墨西哥。广州有栽培。

生长环境　生于常绿湿润热带丛林中。

养护要点　耐阴，喜疏松、排水良好，富含有机质的壤土。

用　　途　树形优美，适用于园林观赏。

# 德保苏铁

## Cycas debaoensis Y. C. Zhong & C. J. Chen

苏铁科 Cycadaceae
中国特有种。
国家一级重点保护野生植物。
按 IUCN 和《中国物种红色名录》的标准为极危种。

形态特征 树干单生或多干丛生，高 20~40cm。大型羽状叶 4~10 片，从近地面的茎顶上生出，长可达 2.5~3m，幼时被锈色毛；小羽片三回分叉，长 5~5.6cm 宽 7~11mm，30~50 片，中脉两面绛起。小孢子叶球长可达 30cm，小孢子叶楔形；大孢子叶长 12~24cm，密被锈色绒毛，圆形或卵圆形，篦齿状分裂。种子卵圆形，黄色。
地理分布 广西和云南。
生长环境 生于半干旱坡地或石灰岩山地灌丛。
养护要点 喜光照，耐半阴，耐瘠薄，忌积水，喜疏松、排水良好、富含有机质的土壤。
濒危原因 由于过度采挖及因雌雄异株、地理隔离难以授粉等因素造成。
用　　途 形态似蕨非蕨，似竹非竹，在植物界中素有“四不像”之称，大型多歧分叉的羽叶从近地面抽出，甚是奇特，为观赏苏铁类中的珍品，适合庭园造景或大型盆栽观赏。

# 昌江苏铁

## Cycas changjiangensis N. Liu

苏铁科 Cycadaceae
中国特有种。
国家一级重点保护野生植物。
按 IUCN 和《中国物种红色名录》的标准为极危种。

形态特征 植株茎干呈葫芦状或串珠状，基部膨大。鳞片三角状披针形，外面密被深褐色茸毛。一回羽状复叶，革质，羽片线形，两面无毛，边缘平或略反卷，中脉两面隆起；叶柄长 10~30cm，基部密被易脱落的棕色茸毛，两侧具 8~10 枚长约 2mm 的刺。雄球花圆锥状柱形，长 15~23cm，直径 4~6cm；小孢子叶楔形至宽楔形，大孢子叶宽卵圆形至扇形，胚珠近球形。种子宽倒卵形或近球形，成熟时黄褐色。花期 4~5 月；种子 10~11 月成熟。

地理分布 海南昌江。现在广州和深圳有栽培。

生长环境 生于海拔 800~1 000m 的山地草坡上。

养护要点 对土壤要求不严，需水量较少，耐寒、耐旱、忌积水；苗期需半阴环境，渐大后移至阳性环境。

濒危原因 由于过度采挖及因雌雄异株、地理隔离难以授粉等因素造成。

用　　途 庭园观赏或作盆景材料。

# 仙湖苏铁

## Cycas fairylakea D. Y. Wang

苏铁科 Cycadaceae
中国特有种。
国家一级重点保护野生植物。
按 IUCN 和《中国物种红色名录》的标准为极危种。

形态特征 树干圆柱形，高 1~1.5m，胸径 20~30cm。羽状叶长 2~3m，光滑或被污毛，幼叶锈色；羽片 66~113 对，平展，边缘平至微反卷，有时波状，薄革质至革质，中脉两面隆起；叶柄长 0.6~1.3m，具 29~73 对刺，刺长 2~5mm。小孢子叶球圆柱状长椭圆形，小孢子叶楔形，不育部分菱状椭圆形，密被褐色短绒毛；大孢子叶球半球形，密被黄褐色绒毛，后渐脱落仅柄部有残留，边缘篦齿状深裂，顶裂片钻形至披针形。种子倒卵状球形至扁球形，黄褐色，无毛。花期 4~5 月；种子 8~9 月成熟。

地理分布 广东深圳、乐昌、曲江有野生，其他地区常有栽培。

生长环境 生于海拔 100~500m 的山地疏林下。

养护要点 喜光照，耐半阴，耐瘠薄，忌积水，喜疏松、排水良好、富含有机质的壤土。

濒危原因 由于过度采挖及因雌雄异株、地理隔离难以授粉等因素造成。

用　　途 生性强健，羽叶婆娑，适合园林观赏。

# 贵州苏铁

## Cycas guizhouensis K. M. Lan et R. F. Zou

苏铁科 Cycadaceae
中国特有种。
国家一级重点保护野生植物。
按 IUCN 和《中国物种红色名录》的标准为极危种。

形态特征　树干圆柱形，高可达 2m。羽状叶长 0.8~2.1m，两侧具直伸短刺，羽片条形或条状披针形，微弯曲或直伸，厚革质，无毛，基部两侧不对称，中脉两面隆起。雄球花纺锤形或椭圆状圆柱形，黄色，小孢子叶鳞片状或盾状，密被棕色柔毛；大孢子叶密生黄褐色绒毛或锈褐色绒毛，顶裂片近圆形至卵状椭圆形。种子近球形，成熟时黄色，后转褐色。花期 4~6 月；种子 10~11 月成熟。
地理分布　贵州、云南和广西。
生长环境　生于南盘江流域的河谷地带灌丛及林下。
养护要点　喜光照，耐半阴，耐瘠薄，忌积水，喜疏松、排水良好、富含有机质的壤土。
濒危原因　由于因雌雄异株、地理隔离难以授粉等因素造成。
用　　途　树形优美，用于园林观赏。

# 叉叶苏铁

## Cycas micholitzii Dyer

形态特征　树干圆柱形，高 20~60cm，胸径 4~5cm，基部光滑。叶大型，叉状二回羽状深裂，小羽片边缘平，有时波状，顶端渐尖，基部不对称，下侧明显下延，中脉两面隆起，薄革质至坚纸质；叶柄粗壮。雄球花圆柱形，小孢子叶近匙形或宽楔形，光滑，黄色，边缘橘黄色，顶部不育部分有绒毛；大孢子叶密被锈色绒毛，后渐脱落，边缘篦齿状深裂，裂片钻形，无毛。种子近球形，成熟后变黄色，无毛。
地理分布　广西、云南。越南、老挝。
生长环境　生于低海拔山地季雨林林下。
养护要点　喜光照，耐半阴，喜疏松、排水良好、富含有机质的壤土。
濒危原因　由于过度采挖及因雌雄异株、地理隔离难以授粉等因素造成。
用　　途　羽叶清秀，四季常青，适于园林观赏。

苏铁科 Cycadaceae
国家一级重点保护野生植物。
按 IUCN 和《中国物种红色名录》的标准为濒危种。

# 海南苏铁

## Cycas hainanensis C. J. Chen

形态特征 茎干高达 2.5m。叶一回羽裂，长 1~2.2m，宽 30~50cm；叶柄具刺，长 30~70cm，羽片革质，基部下延，边缘稍反卷。小孢子叶球卵状圆柱形，小孢子叶楔形，顶端尖；大孢子叶绿色，宽卵形，篦齿状半裂，裂片钻状。种子淡黄色，近球形，中种皮具细疣点。花期 3~5 月；种子 9~10 月成熟。

地理分布 海南。华南地区常见栽培。

生长环境 生于热带山地季雨林林下。

养护要点 喜疏松、肥沃、排水良好土壤，需水量较少，耐寒、耐旱、防积水，苗期需半阴环境，渐大后移至阳性环境。一般于初春 1~2 月移植。

濒危原因 由于过度采挖及因雌雄异株、地理隔离难以授粉等因素造成。

用　　途 适合庭园造景或大型盆栽观赏。

苏铁科 Cycadaceae

中国特有种。

国家一级重点保护野生植物。

按 IUCN 和《中国物种红色名录》的标准为极危种。

苏铁科 Cycadaceae
国家一级重点保护野生植物。
按 IUCN 和《中国物种红色名录》的标准为濒危种。

# 石山苏铁

## Cycas miquelii Warb.

形态特征 小型灌木，树干通常不明显，基部膨大成圆球形，灰色至灰褐色，叶痕宿存，后期常脱落而光滑。鳞叶披针形，暗棕色，背面密被短绒毛。羽叶大型，一回羽裂；羽片水平开展，革质，基部不对称，边缘平或有时反卷；叶轴、叶柄及叶背密被锈色柔毛，后渐脱落。小孢子叶楔形，密被短柔毛；大孢子叶顶裂片卵形至椭圆状披针形，两侧各具深裂片，裂片钻形，纤细。种子圆球形，成熟时黄色、橘黄色至橘红色。
地理分布 广西。
生长环境 常生于低海拔石灰岩缝隙。
养护要点 喜光照，耐半阴。种植时需在土壤中加适量旧石灰，富含有机质壤土更佳。
濒危原因 由于过度采挖及因雌雄异株、地理隔离难以授粉等因素造成。
用　　途 树形美观，宜作庭园观赏。

# 攀枝花苏铁

## Cycas panzhihuaensis L. Zhou et S. Y. Yang

苏铁科 Cycadaceae
中国特有种。
国家一级重点保护野生植物。
按 IUCN 和《中国物种红色名录》的标准为濒危种。

形态特征 树干圆柱形，高达 2.6m，茎粗为 25cm 以下，叶痕宿存，密被红棕色茎顶绒毛。羽叶顶生，长 0.7~1.5m，两侧具短刺；羽片 70~150 对，条形，厚革质，边缘平或微反卷，背面无毛，中脉隆起。雄球花纺锤状圆柱形或长椭圆状圆柱形，长 20~50cm，常微弯，密被锈褐色绒毛，黄色，小孢子叶背面密被锈褐色绒毛；大孢子叶 15~24cm，密被黄褐色至锈褐色绒毛；顶裂片宽菱形或菱状卵形，篦齿状分裂。种子近球形或倒卵状球形，微扁，橘红色至橘黄色，成熟时假种皮外层薄纸质，易碎易剥离。花期 4~5 月；种子 9~10 月成熟。
地理分布 四川和云南。
生长环境 生于干燥和陡峭的石灰岩、砂页岩或沙质岩坡地的灌木丛或河谷中。
养护要点 喜光、耐干旱、忌积水。大苗移植时需在土壤中加适量陈旧石灰，富含有机质壤土更佳。
濒危原因 过度采挖及因雌雄异株、地理隔离难以授粉等因素造成。
用　　途 我国特有的古老孑遗种，为苏铁属植物分布最北的一种，有重要的科研价值；羽叶挺拔，灰蓝绿色，别具特色，适于庭园观赏。

# 苏铁

苏铁科 Cycadaceae
国家一级重点保护野生植物
按 IUCN 和《中国物种红色名录》的标准为极危种

## Cycas revoluta Thunb.

形态特征 树干圆柱形，高约 2~8 m，叶痕宿存。鳞叶三角状披针形，顶端具刺尖，背面密被棕色绒毛。羽状叶顶生，长 0.7~2m，具刺；羽片达 100 对以上，线形，厚革质，坚硬，向上斜展成“V”字形，边缘向下反卷，中脉平或微隆起，两侧有柔毛或无毛。雄球花圆柱形，具短梗；大孢子叶密生淡黄色宿存绒毛，边缘篦齿状深裂，裂片条状钻形，顶端有刺状尖头。种子成熟时红褐色或橘红色，倒卵圆形至卵圆形，密生灰黄色短绒毛，后渐脱落。花期 5~6 月；种子 10~11 月成熟。

地理分布 福建、台湾、广东，全国大部分省区有栽培。日本、菲律宾、印度尼西亚。

生长环境 生于沿海山坡疏林中。

养护要点 用蘖芽或种子繁殖。喜阳光，耐旱、不耐寒，适宜疏松、肥沃腐殖质土。

濒危原因 由于过度采挖及因雌雄异株、地理隔离难以授粉等因素造成。

用　　途 优美的园林观赏植物；种子供药用。

# 刺叶苏铁

苏铁科 Cycadaceae
奇特植物

## **Cycas rumphii** Miq.

形态特征　树干圆柱形，高达 2~3m，直径 25~30cm，叶痕宿存。鳞叶三角形，背面密被锈褐色短绒毛。大型羽状叶顶生，长 1.5~2.5m；羽片 52~75 对，条形，微弯至镰刀状，厚革质，边缘平至微反卷，中脉两面隆起，上面深绿色，有光泽。小孢子叶球单生，狭卵形，长 35~55cm，褐色，被毛，小孢子叶楔形，密被红色或褐红色绒毛；大孢子叶球松散型，大孢子叶梭形，密生宿存锈色绒毛，顶裂片菱状披针形至三角状披针形，每侧具 2~8 枚细裂齿。种子椭圆形，熟时黄褐色。花期 4~7 月；种子次年成熟。

地理分布　印度尼西亚至新几内亚间的太平洋岛屿和地区。广州有栽培。

生长环境　生于海岸林下。

养护要点　适应性很强，是苏铁类植物中栽培较广的种类之一，霜冻严重时叶易受害，但天气转暖后会迅速复苏。

濒危原因　过度采挖及因雌雄异株、地理隔离难以授粉等因素造成。

用　　途　世界各国热带和亚热带地区较常见的园林景观树种之一。

# 叉孢苏铁

苏铁科 Cycadaceae
中国特有种。
国家一级重点保护野生植物。
按 IUCN 和《中国物种红色名录》的标准为濒危种。

## **Cycas segmentifida** D. Y. Wang et C. Y. Deng

形态特征　树干圆柱形，高达 50cm，叶痕宿存。鳞叶三角状披针形。羽叶两侧具刺；羽片无毛，边缘平，中脉两面隆起。雄球花狭圆柱形，黄色，小孢子叶楔形，顶端有小尖头；大孢子叶不育，顶裂片卵圆形，被脱落性棕色绒毛，边缘篦齿状深裂，裂片钻形，纤细，渐尖，顶端芒状，通常二叉或二裂，有时重复分叉，顶裂片钻形至菱状披针形，叶柄部具黄褐色绒毛。种子球形，成熟时黄色至黄褐色。花期 5~6 月；种子 11~12 月成熟。

地理分布　贵州、广西和云南。

生长环境　生于低海拔阔叶林下。

养护要点　珠芽或种子繁殖。喜半阴、湿润、通风、排水良好环境，适宜疏松、肥沃土壤。

濒危原因　由于过度采挖及因雌雄异株、地理隔离难以授粉等因素造成。

用　　途　庭园观赏。

# 四川苏铁

## **Cycas szechuanensis** Cheng et L. K. Fu

形态特征 棕榈状常绿植物，茎树桩状，易分蘖，高2~5m，叶痕宿存，深褐色，老茎叶痕成环状。大型羽叶多数，顶生。稍龙骨状或平展，羽叶幼时被锈色毛，中脉两面隆起或下面平，边缘平。雌球果单生，无柄，由多数大孢子叶紧密包被成半球状；大孢子叶密被黄褐色绒毛，顶裂片不明显，基着生5~10枚胚珠。种子黄色，直径达2cm，不育。花期4~5月。
地理分布 四川。福建、广东等地有栽培。
生长环境 生于常绿阔叶林下。
养护要点 喜光，但也可耐半阴环境，耐瘠薄，忌积水，喜疏松、排水良好、富含有机质的砂质壤土。
濒危原因 由于过度采挖及因雌雄异株、地理隔离难以授粉等因素造成。
用　　途 羽叶挺拔，四季常青，寿命长，是寺庙以及庭院栽植的优良树种；茎、叶药用。

苏铁科 Cycadaceae
国家一级重点保护野生植物。
按IUCN和《中国物种红色名录》的标准为易危种。

# 台东苏铁

## **Cycas taitungensis** C. F. Shen, K. D. Hill, C. H. Tsou & C. J. Chen

苏铁科 Cycadaceae
中国特有种。
国家一级重点保护野生植物。
按IUCN和《中国物种红色名录》的标准为极危种

形态特征 树干圆柱形，单干，稀分枝，高达2.5~5m，叶痕宿存。鳞叶三角状披针形，顶端具刺尖，密生淡棕色绒毛。羽状叶幼时被稀疏柔毛，具短刺；羽片条形，革质。雄球花狭圆柱形至狭卵形，直立，黄褐色，小孢子叶有小尖头，外被棕色绒毛；大孢子叶密被褐色绒毛，顶裂片宽卵形，篦齿状分裂，裂片钻形。种子椭圆形至扁阔椭圆形，密被或疏被棕色绒毛，成熟时深红色或橘红色。
地理分布 中国台湾。广东有栽培。
生长环境 生于海拔300~950m的悬崖或林中。
养护要点 幼苗期喜半阴，耐干旱瘠薄土壤，但在肥沃湿润的环境下生长更好，不耐积水。
濒危原因 由于过度采挖及因雌雄异株、地理隔离难以授粉等因素造成。
用　　途 庭园观赏。

# 大型双子铁

苏铁科 Cycadaceae
奇特植物

## Dioon spinulosum Dyer ex Eichl.

形态特征 大型苏铁，高 5~10m，在原产地野生状态下可高达 16m。树干圆柱形，不分枝，树皮光滑，灰白色。羽状复叶长 1.5~2m，宽 30~40cm，亮绿色，叶轴无刺，中部宽，两端渐窄；叶柄基部膨大，无刺。小叶 140~240 片，边缘具 6~10 枚不规则短刺，叶基部宽阔。中部小叶长 15~20cm，宽 1.4~2cm，披针形，革质，顶端渐尖。雄球花圆柱状，长 40~55cm，宽 7~10cm；小孢子叶三角形，小孢子具柄，被毛。雌球果卵球形，下垂，长 30~90cm，宽 22~35cm，被曲卷毛；大孢子叶长 7~8cm，大孢子叶柄长 30~45cm。种子卵球形，光滑，白色至黄色。

地理分布 墨西哥。广州有栽培。

生长环境 生于海拔 20~300m 石灰岩峡谷及热带山地常绿林中。

养护要点 种子繁殖。在半阴或遮光下生长良好，喜光，喜温暖湿润的热带和亚热带气候。宜栽于土层深厚、肥沃和湿润的中性至偏碱性的土壤。不耐霜冻。

濒危原因 自然生境被破坏；过度采挖。

用　　途 树形美观，适合园林观赏。

# 合意非洲铁

苏铁科 Cycadaceae
按《IUCN 物种红色名录》濒危等级和标准为易危种。

## Encephalartos gratus Prain

形态特征 中型苏铁，高达 2.5m，茎粗 60cm，不分枝，基部常具吸芽。嫩叶浅绿色，疏被白色微毛。大型羽状叶长 1.2~2m，宽 34~44cm，深绿色。基部小叶成 2~3 分叉刺状。中部小叶长 18~26cm，宽 2~3.5cm，被针形，坚硬，顶端渐尖，边缘具 2~7 枚锐刺。雄球花卵状至纺锤状，长 30~40cm，宽 4.5~10cm，密被红褐色绒毛；小孢子叶长 15~20cm。雌球花阔圆柱状，长 55~68cm，宽 15~20cm，深褐色。种子狭倒卵形，粉红褐色至红色。

地理分布 马拉维和莫桑比克。广州有栽培。

生长环境 生于海拔 600m 的河谷坡地和落叶林中。

养护要点 种子繁殖和吸芽分株繁殖。喜高温潮湿的热带、亚热带甚至暖温带的气候。在全光照或半阴下生长良好。栽培宜植于疏松、肥沃、排水良好的土壤中。耐旱，忌积水。

濒危原因 自然生境被破坏。过度采挖。

用　　途 树形美观，适于园林观赏。

# 刺叶非洲铁

苏铁科 Cycadaceae

据《IUCN 物种红色名录》濒危等级和标准为易危种。

## Encephalartos ferox G.Bertol.

形态特征 地上茎短，高可达 1m，直径 25~35cm。基部常见吸芽。嫩叶深绿色至铜褐色，被毛。羽状叶长 1~2m，宽 20~30cm，深绿色。叶柄长 10~15cm，基部具针刺。中部小叶长方形至倒卵形，长 12~15cm，宽 4~8cm，革质，顶端常具 2~3 片角状圆裂片，两侧各具 3~5 片顶端具刺的阔三角形裂片，裂片扭曲。雄球花纺锤状椭圆形，长 40~50cm，宽 7~10cm；小孢子叶柄长 2~3cm。雌球花卵状，橙红色，长 25~50cm，宽 20~25cm，无柄。种子椭圆形，肉质种皮红色。

地理分布 巴西东部、莫桑比克南部和南非。广州有栽培。

生长环境 生于常绿林和沿海沙丘疏林中。

养护要点 种子繁殖和吸芽分株繁殖。人工授粉后采收种子。喜光，喜高温多湿的热带、亚热带气候，在半阴环境下生长良好。栽培宜土层深厚，排水良好的酸性土壤。

用　　途 树形美观，橙红色大型球果鲜艳夺目，适于园林观赏。

# 东澳苏铁

## **Lepidozamia peroffskyana** Regel

苏铁科 Cycadaceae
据 IUCN 物种红色名录濒危等级和标准为无危种。
昆士兰州政府列为濒危植物。

形态特征　树干纤细，高可达 8m。叶鞘宿存。叶羽状，有光泽，长达 1.5~3m，叶柄长 30~60cm，平滑；羽片 150~250 对，长 20~40cm，宽 5~13mm。雄球花圆柱形，长 45~75cm，直径 12~19cm；小孢子叶楔形，长约 5cm，宽 3cm。雌球花圆柱形，长 40~90cm，直径 12~25cm；大孢子叶长 5~7cm，上部宽 4~8cm，高 2~3cm。种子长球形，长 4~6cm，直径 2.5~3cm，肉质种皮红色。

地理分布　澳大利亚。广东有栽培。

生长环境　生于雨林边缘。

养护要点　幼苗期喜半阴、耐干旱瘠薄土壤，但在肥沃湿润的环境下生长更好，不耐积水。

用　　途　苏铁科球果最大的植物之一，用于园林观赏和室内装饰。

# 全缘大苏铁

## **Zamia integrifolia** Linn. f.

苏铁科 Cycadaceae
据《IUCN 物种红色名录》濒危等级和标准为近危种。

形态特征　株形矮小，高 1.2m。羽状叶长 0.2~1m；叶柄光滑；小叶长 6~17 cm，宽 2~18 mm，线形，常扭曲，坚硬，绿黑色，有光泽，叶脉 7~23 对，叶边缘常外卷，全缘或近顶端有小齿。大孢子叶球圆柱状椭圆形，长 5~19 cm，顶端钝，胚珠 2 枚。种子核果状，椭圆形至卵形，成熟时橙色至橙红色。种子成熟期为 12 月至翌年 3 月。

地理分布　美国佐治亚洲和佛罗里达州、巴哈马群岛、古巴和西印度群岛。广州有栽培。

生长环境　生于低海拔热带雨林下的松木林、橡木林地或灌丛中。

养护要点　适应性强，耐碱性土壤，幼苗喜半阴，耐干旱瘠薄土壤，但在肥沃湿润的环境下生长更好，不耐积水。

用　　途　园林观赏、室内装饰。

# 鳞秕苏铁

苏铁科 Cycacaceae

按《IUCN 物种红色名录》濒危等级和标准为易危种。

## **Zamia furfuracea** Linn. f. ex Aiton

形态特征　植株高不及 1m，丛生，具地下茎或头状地上茎。大型羽叶集生于茎顶，长 0.5~1.5m；叶柄基部膨大，密生粗壮短刺；羽片矩圆形或倒卵状矩圆形，叠生，密被锈棕色柔毛，斜展至直立，两侧平，叶面灰绿色，叶背浅绿色，厚革质，坚硬，边缘具细齿。小孢子叶球圆柱形，灰绿色，有短柔毛，小孢子叶楔形；大孢子叶球为棒状，外侧六棱形，有柔毛。种子卵形，粉红色至红色。花期 6~7 月；种子 12 月至次年成熟。

地理分布　墨西哥。广州、深圳和海南有栽培。

生长环境　生于海拔 200m 的海滨沙地和石灰质悬崖灌林丛中。

养护要点　幼苗期喜半阴，耐干旱瘠薄土壤，但在肥沃湿润的环境下生长更好，不耐积水。

用　　途　盆栽观赏或庭园绿化。

# 银杏

## Ginkgo biloba Linn.

银杏科 Ginkgoaceae
中国特有种。
国家一级重点保护野生植物。
按 IUCN 和《中国物种红色名录》的标准为濒危种。

形态特征　落叶大乔木，高可达 40m。分枝多，枝有长枝与短枝。叶在长枝上螺旋状散生，在短枝上呈簇生状；叶片扇形，有长柄，具二叉状并列的细脉，上缘宽 5~8cm，浅波状，有时中央浅裂或深裂。雌雄异株，稀同株；雄球花短，柔荑花序状；雄蕊多数，各有两花药；雌球花具长梗，梗端常二叉，叉端有 1 珠座，每珠座有 1 颗直立胚珠，仅 1 个发育成种子。种子核果状，椭圆形至近球形。花期 3~4 月；果期 9~10 月。

地理分布　我国特有，野生种群仅存于浙江天目山，现各地普遍栽培。朝鲜、日本及欧美各国有栽培。

生长环境　生于山地林中。

养护要点　中亚热带树种，喜凉爽气候和水肥条件好的环境。

濒危原因　主要是地质灾害及因雌雄异株、地理隔离难以授粉等因素造成。

用　　途　中生代孑遗植物，有科研价值。本种树形美观，叶形奇特，适合中亚热带地区园林、道路绿化或盆景观赏；木材优良，可供雕刻、图板、建筑用；种子供食用及药用，有润肺止咳、强身功效；叶供药用，治冠心病、心绞痛等症。

# 银杉

## **Cathaya argyrophylla** Chun et Kuang

松科 Pinacece
中国特有种。
国家一级重点保护野生植物。按 IUCN 和《中国物种红色名录》的标准为濒危种。

形态特征　乔木，高达 30m。树皮暗灰色，鳞片状开裂。叶线形，螺旋状排列，成簇生状，边缘稍反卷，下面沿中脉两侧具显著的白色气孔带。雄球花开放前椭圆状卵圆形，盛开时穗状圆柱形；雌球花基部无苞片，长椭圆状卵圆形，珠鳞近圆形或肾状扁圆形，苞鳞黄褐色，三角状扁圆形或三角状卵形，顶端尾状长尖，边缘波状具不规则细锯齿。球果卵圆形或长卵圆形；种子斜倒卵形，种翅膜质。花期 5 月；球果 10 月成熟。
地理分布　广西、湖南、贵州、四川。
生长环境　生于 900~1 800m 的中亚热带地区阳坡或山脊地带。
养护要点　播种繁殖。喜凉爽，怕积水，要求排水良好的环境。
濒危原因　主要是地质灾害、地理隔离等因素造成。
用　　途　单种属孑遗植物，起源古老，有重要科研价值。心材淡红褐色，边材白色，纹理直，为建筑、家具用材。

# 黄枝油杉

## **Keteleeria calcarea** Cheng et L. K. Fu

松科 Pinaceae
中国特有种。
按 IUCN 和《中国物种红色名录》的标准为易危种。

形态特征　乔木，高达 28m。树皮黑褐色或灰色，纵裂。叶条形，排成两列，长 2~3.5(~4.5)cm，宽 3.5~4.5mm，顶端钝或微凹，基部楔形，具短柄，上面绿色，两面中脉凸起，下面淡绿色，沿中脉两侧各具 18~21 条气孔线，具白粉。球果圆柱形；中部的种鳞斜方状阔卵形；苞鳞中部微窄，下部稍宽，上部近圆形，顶端 3 裂；种翅膜质，中下部较宽，上部较窄。种子 10~11 月成熟。
地理分布　广西、贵州、湖南。
生长环境　多生于石灰岩山地。
养护要点　喜光照，耐干旱瘠薄，忌积水。
濒危原因　主要是过度砍伐及地质灾害、地理隔离等因素造成。
用　　途　木材优良，纹理直，结构细密，质坚硬，为建筑、造船、桥梁、家具用材，是石灰岩地区良好的绿化树种。

松科 Pinaceae
按 IUCN 和《中国物种红色名录》的标准为易危种。

# 油杉

**Keteleeria fortunei** (Murr.) Carr.

形态特征 乔木，高达30m，胸径可达1m。树皮暗灰色，纵裂。叶条形，排成两列，长1.2~3cm，宽2~4mm，顶端圆钝，基部渐窄，上面绿色，下面淡绿色，沿中脉两侧各具12~17条气孔线。球果圆，柱形；种鳞宽圆形或上部宽圆下部宽楔形，上部阔圆或近截平，稀中央微凹，边缘向内反卷；苞鳞中部窄，下部稍宽，上部卵圆形，顶端3裂；种翅膜质。花期3~4月；种子10月成熟。
地理分布 浙江、福建、广东、广西。
生长环境 生于海拔400~1 200m的山地林中。
养护要点 喜光照，耐干旱瘠薄，忌积水。
濒危原因 主要是过度砍伐及地质灾害、地理隔离等因素造成。
用　　途 木材优良，纹理直，结构细密，质坚硬，供建筑、造船、桥梁、家具用材。本种树形美观，适宜中亚热带地区造林绿化。

# 海南油杉

**Keteleeria hainanensis** Chun et Tsiang

形态特征 乔木，高达30m。树皮淡灰色至褐色，纵裂。叶条形，排成两列，长5~8cm，宽3~4mm，上面沿中脉两侧各有4~8条气孔线，下面淡绿色，沿中脉两侧各具1条气孔带，无白粉。雄球花5~8个簇生枝顶或叶腋；球果圆柱形；中部的种鳞斜方状卵形，顶端钝或微凹，两侧边缘较薄，稍反卷；苞鳞长为种鳞之半，中部窄，上部近圆形，具尖刺；种子近三角状椭圆形，种翅膜质。
地理分布 海南霸王岭。
生长环境 生于海拔约1 000m的山地林中。
养护要点 喜光照，宜栽于排水良好，富含有机质、土层深厚的山地砂质壤土。
濒危原因 地理隔离等因素造成。
用　　途 木材优良，纹理直，结构细密，质坚硬，是建筑、造船、桥梁、家具用材。

松科 Pinaceae
中国特有种。
国家二级重点保护野生植物。
按 IUCN 和《中国物种红色名录》的标准为极危种。

## 柔毛油杉

### **Keteleeria pubescens** Cheng et L. K. Fu

形态特征 乔木，树皮暗褐色或暗灰色，纵裂；一、二年生枝条绿色，密被短柔毛。叶条形，排成不规则两列，长 1.5~3cm，宽 3~4mm，上面深绿色，中脉凸起，下面淡绿色，沿中脉两侧各具 23~35 条气孔线，干后边缘向下反卷。球果成熟前绿色，有白粉，短圆柱形或椭圆状圆柱形；中部的种鳞近五角状圆形；苞鳞长约为种鳞的 2/3，中部窄，下部稍宽，上部圆形；种子斜倒卵形，种翅膜质。

地理分布 广西、贵州、湖南。

生长环境 生于海拔 600~1 100m 的中亚热带山地林中。

养护要点 喜气候凉爽的环境，在土层深厚、水肥条件优越的山地生长良好。

濒危原因 主要是过度砍伐及地质灾害、地理隔离等因素造成。

用　　途 木材优良，纹理直，为建筑、家具用材。

松科 Pinaceae

中国特有种。

国家二级重点保护野生植物。

按 IUCN 和《中国物种红色名录》的标准为濒危种。

## 金钱松

### **Pseudolarix amabilis** (Nelson) Rehd.

形态特征 大乔木，高达 40m。树皮不规则片状开裂。长枝上的叶辐射伸展，短枝上的叶簇状密生，秋后金黄色；叶条形，柔软，镰刀状或直，上部稍宽，长 2~5.5cm，宽 1.5~4mm，顶端锐尖，上面绿色，下面蓝绿色，每边具 5~14 条气孔线。雄球花黄色，下垂；雌球花紫红色，直立，具短柄。球果卵圆形或倒卵形，成熟时淡红褐色；中部种鳞卵状披针形，两侧耳状；苞鳞卵状披针形；种子卵圆形，白色，种翅三角状披针形。花期 4 月；球果 10 月成熟。

地理分布 江苏、浙江、安徽、福建、江西、湖南、湖北、四川。

生长环境 生于海拔 100~1 500m 的山地林中。

养护要点 喜光照、温暖湿润环境，在土层深厚、肥沃、排水良好的山地酸性土中生长良好。

濒危原因 过度开发，导致种群数量减少是主要原因。

用　　途 木材纹理直，材质适中，可作建筑、家具等用材；树皮可治顽癣；种子可榨油；树姿优美，秋后叶呈金黄色，适宜作庭园绿化树种。

松科 Pinaceae

中国特有种。

国家二级重点保护野生植物。

按 IUCN 和《中国物种红色名录》的标准为易危种。

# 华南五针松

## Pinus kwangtungensis Chun ex Tsiang

松科 Pinaceae
中国特有种。
国家二级重点保护野生植物。
按 IUCN 和《中国物种红色名录》的标准为易危种。

形态特征 乔木，高达 30m，胸径 1.5m。幼树树皮平滑，老树树皮厚，褐色，裂成不规则的鳞状块片。针叶5针1束，长 3.5~7cm，宽 1~1.5mm，有细齿，树脂道 2~3，背面 2 个边生，腹面 1 个中生或缺。球果圆柱状长圆形或圆柱状卵形，长 4~9cm，径 3~6cm，熟时淡红褐色，微被树脂；种鳞盾菱形，微内曲或直伸；种子椭圆形或倒卵形，长 8~12mm，连同种翅与种鳞近等长。花期 4~5 月；球果翌年 10 月成熟。

地理分布 湖南、广西、广东、海南。

生长环境 生于海拔 700~1 700m 的山地的针叶、阔叶混交林中。

养护要点 喜光照，耐干旱瘠薄，忌积水。

濒危原因 主要是过度砍伐及地理隔离等因素造成。

用　　途 材质坚重，纹理直，结构细密，可供建筑、车辆等用；也可用作枕木、矿柱、家具；为南岭山地海拔 900m 以上地域的优质造林树种。

杉科 Taxodiaceae
中国特有种。
按 IUCN 和《中国物种红色名录》的标准为易危种。

# 德昌杉木

## Cunninghamia unicanaliculata D. Y. Wang et E. L. Liu

形态特征 大乔木，高达 50m。小枝常 3~4 轮生。叶排列紧密，辐射伸展，窄披针形，边缘具细锯齿，两面各具两条白粉气孔带，横切面肾形，内常有 1~3 个树脂道。雄球花 8~16 个簇生；雌球花单生，苞鳞大，上部边缘呈不规则的波状，具细缺齿，珠鳞很小，腹面基部着生 3 枚胚珠。球果圆球形，灰绿色；苞鳞上部三角形，背腹面均有白粉；种子扁卵形，两侧具窄翅。花期 2 月；球果 11 月成熟。
地理分布 产四川德昌。
生长环境 生于山地林中。
养护要点 喜生于肥水条件优良的山地。
濒危原因 主要是过度砍伐及地理隔离等原因。
用　　途 优良、速生用材树种。

# 水杉

## Metasequoia glyptostroboides Hu et Cheng

形态特征 落叶乔木，高达 35m；树干基部常膨大；一年生枝无毛，幼时绿色，二、三年生枝淡褐灰色；侧生小枝排成羽状，长 4~15cm，冬季脱落。叶条形，沿中脉有两条较边带宽的淡黄色气孔带，于侧生小枝上排成二列，羽状，冬季与枝条一起脱落。球果下垂，近四棱状球形或长椭圆状长圆状球形；种鳞木质，盾形；种子扁平，倒卵形，周围具翅，顶端凹缺。花期 2 月；球果 11 月成熟。
地理分布 四川石柱、湖北利川、湖南龙山及桑植。
生长环境 生于海拔 750~1 500m 的中亚热带地区的沟谷、河旁等潮湿处。
养护要点 喜气候凉爽、潮湿、近水的湿地环境。
濒危原因 早期是地质灾变与气候变迁等原因引起，但近期为人类活动是水杉濒危的主因，河岸、沟旁湿地是水杉最适合的生境，也是人类干扰最为严重的地区之一，生境的改变与消失直接导致水杉极度濒危。
用　　途 典型的"活化石"植物，对研究植物的区系有重要价值。材质轻软、纹理直，为建筑、板料、家具等用材。本种植物根系发达，耐水湿，是河岸、堤旁固堤护岸和防风的优良树种，且树形优美，为园林绿化常用的树种。

杉科 Taxodiaceae
中国特有种。
国家一级重点保护野生植物。
按 IUCN 和《中国物种红色名录》的标准为濒危种。

# 水松

## **Glyptostrobus pensilis** (Staunt. ex D.Don) K.Koch

杉科 Taxodiaceae
中国特有种。
国家一级重点保护野生植物。
按 IUCN 和《中国物种红色名录》的标准为易危种。

形态特征 乔木，高 8~10m；生于湿地，树干基部膨大成柱槽状，具伸出土面或水面膝状根。叶多型，鳞形叶有白色气孔点，冬季不脱落；条形叶两侧扁平，背面中脉两侧具气孔带；条状钻形叶两侧扁，辐射伸展或排成 3 列；条形叶和钻形叶于冬季连侧枝一起脱落。球果倒卵形；中部种鳞倒卵形，基部楔形，顶端圆形，边缘具三角形尖齿；苞鳞与种鳞几全部合生，仅顶部分离；种子椭圆形，稍扁。花期 2~3 月，球果秋后成熟。

地理分布 广东、福建、江西、四川、广西、云南。

生长环境 常生于沟边、溪流两岸等湿地。

养护要点 喜温暖湿润的气候及水湿地环境，宜植于水边和冲积土上。

濒危原因 早期是地质灾变与气候变迁等原因引起，但近期人类活动是水松濒危的主因，肥沃的三角洲地带是水松最适合的生境，也是人类干扰最为严重的地区，从而导致水松处于极度濒危的状态。

用　　途 木质软、比重小、耐水湿，可做浮力用品。本种根系发达，耐水湿，是河岸、堤旁固堤护岸和防风的优良树种，且树形优美，为园林绿化常用的树种。

# 台湾杉

## **Taiwania cryptomerioides** Hayata

形态特征 大乔木，高达 60m。叶两型，螺旋状排列，幼树及萌生枝的叶四棱状钻形，两侧扁，微向内侧弯曲，顶端锐尖，长达 2.2cm，宽约 2mm；大树的叶钻形，向内弯曲，腹面隆起，长 3~5(~9)mm，两侧宽 2~2.5(~4.5)mm，腹面宽 1~1.5mm，四面均具气孔线。雄球花 2~5 个簇生枝顶；雌球花球形。球果卵圆形或短柱形；种子长椭圆形或长圆状倒卵形。球果 10~11 月成熟。

地理分布 特产我国台湾中央山脉。

生长环境 生于海拔 1 800~2 600m 的山地林中。

养护要点 喜凉爽、湿润的气候环境，宜中亚热带山区种植。

濒危原因 主要是过度砍伐及地质灾变、气候变迁与地理隔离等原因引起。

用　　途 心材紫红色、边材深黄褐色带红，纹理直，结构细，是建筑、家具、造纸等用材。树形优美，是良好的园林绿化树种。

杉科 Taxodiaceae

国家二级重点保护野生植物。

按 IUCN 和《中国物种红色名录》的标准为易危种。

# 翠柏

## **Calocedrus macrolepis** Kurz

形态特征 乔木，高达 35m。鳞叶两对交叉对生，成节状，小枝上下两面中央的鳞叶扁平，露出部分楔状，顶端急尖，长 3~4mm，两侧的叶对折，覆瓦状着生于中央叶的侧边及下部，近等长，但上部较窄，顶端稍急尖，伸直或稍内弯，小枝下面叶稍被白粉或无白粉。雌雄球花分别生于不同的短枝顶端，雄球花椭圆形或卵圆形。球果椭圆形、椭圆柱形，熟时红色；种子近卵圆形。

地理分布 云南、贵州、广西、海南。越南、缅甸。

生长环境 生于海拔 1 000~2 000m 的山地林中。

养护要点 生于海拔较高山地，喜凉爽、湿润的气候。

濒危原因 主要是过度砍伐及气候变迁与地理隔离等原因引起。

用　　途 边材淡黄色，心材黄褐色，纹理直，结构细，有光泽，为建筑、家具、板材等用材。

柏科 Cupressaceae

国家二级重点保护野生植物。

按 IUCN 和《中国物种红色名录》的标准为易危种。

# 红桧

## **Chamaecyparis formosensis** Matsum.

形态特征　大乔木，高达 57m，胸径达 6m；树皮淡红褐色，生鳞叶的小枝扁平，排成一平面。鳞叶菱形，长 1~2mm，顶端锐尖，背面具腺点，有时具纵脊，小枝上面的叶绿色，稍有光泽，下面的叶有白粉。球果长圆形或长圆状卵形，长 10~12mm，直径 6~9mm；种鳞 5~6 对，顶端具少数沟纹，中央稍凹，具尖头；种子扁平，倒卵圆形，红褐色，微有光泽，两侧具窄翅，连翅长约 2mm。

地理分布　中国台湾。

生长环境　生于海拔 1 050~2 000m 的山地林中。

养护要点　生于海拔较高山地，喜凉爽、湿润的气候。

濒危原因　主要是过度砍伐及气候变迁与地理隔离等原因引起。

用　　途　木材优良，纹理直，结构细，为建筑、家具、板材等用材。

柏科 Cupressaceae

中国特有种。

国家二级重点保护野生植物。

按 IUCN 和《中国物种红色名录》的标准为易危种。

# 岷江柏

## **Cupressus chengiana** S. Y. Hu

形态特征　乔木，高可达 30m；生鳞叶的小枝斜展，不排成一平面，二年生枝紫褐色、灰紫褐色或红，三年生枝皮鳞状剥落。鳞叶斜方形，长约 1mm，交叉对生，排成整齐的四列，无蜡粉，无明显的纵脊和条槽，或背部稍具槽，腺点位于中部。成熟球果近球形，直径 1.2~2cm；种鳞顶部平，不规则扁四边形或五边形，红褐色或褐色；种子多数，扁圆形或倒卵状圆形，两侧具种翅。

地理分布　四川、甘肃。

生长环境　生于海拔 1 200~2 900m 的山地林中。

养护要点　生于海拔较高山地，喜凉爽、湿润的气候。

濒危原因　主要过度砍伐、气候变迁与地理隔离等原因引起。

用　　途　木材优良，纹理直，结构细，为建筑、家具、板材等用材。

柏科 Cupressaceae

中国特有种。

国家二级重点保护野生植物。

按 IUCN 和《中国物种红色名录》的标准为易危种。

# 福建柏

## **Fokienia hodginsii** (Dunn) Henry et Thomas

形态特征 乔木，高达 20m，胸径 80cm；树皮紫褐色，浅纵裂。鳞叶长 4~7mm，幼树及萌芽枝的鳞叶长可达 10mm，上面叶蓝绿色，下面中脉隆起，两侧有凹陷的白色气孔带，顶端尖或钝尖。雄球花近球形，球果径 2~2.5 cm，熟时褐色；种子长约 4mm，大翅近卵形，长约 5mm，小翅长约 1.5mm。花期 3~4 月；球果翌年 10~11 月成熟。

地理分布 我国中南、华南至西南各省区。

生长环境 生于海拔 1 400m 以下的山地。

养护要点 宜于排水良好的地方种植，喜凉爽，忌积水。

濒危原因 主要是过度砍伐、采挖及本身天然更新能力弱等原因造成。

用　　途 木材较轻软，纹理直，结构细，可为建筑、农具、家具、细木工等用材。

柏科 Cupressaceae

国家二级重点保护野生植物。

按 IUCN 和《中国物种红色名录》的标准为易危种。

# 鸡毛松

## **Dacrycarpus imbricatus** (Blume) de Laub. var.**patulus** de Laub.

罗汉松科 Podocarpacece

按 IUCN 和《中国物种红色名录》的标准为易危种。

形态特征 乔木，高达 30m。叶两型，螺旋状排列，紧密，基部下延；老枝及果枝的叶呈鳞片状或钻形，覆瓦状排列；幼树、萌发枝或小枝顶端的叶呈钻状条形，质软，排列成两列，近扁平，两面具气孔线，上部微渐窄，具微急尖的长尖头。雄球花穗状，生于小枝顶端；雌球花单生或成对生于枝顶，常仅 1 颗发育。种子卵圆形，成熟时红色，着生于肉质种托上。花期 4 月；种子 10 月成熟。

地理分布 海南、广东、广西、云南。越南、菲律宾、印度尼西亚。

生长环境 生于海拔 400~1 000m 的山谷林中。

养护要点 喜湿润的溪边湿地。

濒危原因 主要是过度砍伐等原因造成。

用　　途 为优良的建筑、家具、乐器、雕刻等工艺用材；叶片形如羽毛，是优良的绿化观赏树种。

# 陆均松

## **Dacrydium pectinatum** de Laub.

形态特征 乔木，高达 30m；树皮幼时灰白色或淡褐色，老时变为灰褐色或红褐色；大枝轮生，分枝多，小枝下垂，绿色。叶两型，螺旋状排列，稍具四棱，基部下延；幼树、萌发枝或营养枝上的叶较长，镰状针形，长 1.5~2cm，稍弯曲，顶端渐尖；老树或果枝上的叶较短，钻形或鳞片状，长 3~5mm，具明显的背脊，顶端钝尖并向内弯曲。雄球花穗状，雌球花单生枝顶。种子卵圆形。花期 3 月；种子 10~11 月成熟。

地理分布 海南。越南、柬埔寨、泰国。

生长环境 生于海拔 500~1 600m 的山地。

养护要点 在水肥等较好的山地生长良好，忌积水。

濒危原因 主要是过度砍伐所致。

用　　途 木材纹理直、结构细密，可为建筑、农具、家具、细木工等用材，也是热带地区庭园绿化树种。

罗汉松科 Podocarpaceae

按 IUCN 和《中国物种红色名录》的标准为易危种。

# 长叶竹柏

## **Nageia fleuryi** (Hickel) de Laub.

形态特征 常绿乔木，高达 40m；树皮近平滑，红褐色。叶互生或对生，排成二列，厚革质，阔披针形或长椭圆形，长 8~18cm，宽 2.5~5cm，顶端渐尖，基部楔形，上面深绿色，下面浅绿色。雄球花穗状腋生，药隔三角状，边缘具锯齿；雌球花单生于叶腋，具梗，梗上具数片苞片，轴端的苞腋着生 1~2(~3) 枚胚珠，仅 1 枚发育成熟。种子球形，熟时假种皮蓝紫色。花期 3~4 月；种子 10 月成熟。

地理分布 广东、广西、云南。越南、柬埔寨。

生长环境 生于低海拔常绿阔叶林沟谷中。

养护要点 宜种植于水肥条件好的山地。

濒危原因 主要是过度砍伐等原因造成。

用　　途 木材为优良的建筑、家具、乐器、雕刻等工艺用材；树冠秀丽浓郁，是优良的绿化观赏树种。

罗汉松科 Podocarpaceae

按 IUCN 和《中国物种红色名录》的标准为易危种。

# 三尖杉

## **Cephalotaxus fortunei** Hook.

三尖杉科 Cephalotaxaceae
中国特有种。
广东省级保护植物。
按 IUCN 和《中国物种红色名录》的标准为近危种。

形态特征　常绿乔木，高 5~20m；树皮棕褐色，片状脱落；小枝对生，稍下垂。叶螺旋状着生，排成二列，披针状条形，常微弯，长 4~13cm，宽 3~4.5mm，上面中脉隆起，深绿色，下面中脉两侧有白色孔带。雄球花 6~10 个聚生成头状，单生于叶腋；雌球花由数对交互对生、各有 2 枚胚珠的苞片组成，生于小枝基部的苞片腋部，稀生枝顶。种子椭圆状卵形，假种皮熟时紫色或紫红色。花期 4 月；果期 8~10 月。

地理分布　安徽、浙江、福建、云南、贵州、甘肃、湖南、广东、广西、陕西等地。

生长环境　生于海拔 200~1 000m 的针叶、阔叶混交林中。

养护要点　喜凉爽气候环境，宜种植于山地林中。

濒危原因　主要是过度砍伐等原因造成。

用　　途　木材可作家具、细木工等用材；根、茎、叶和种子可提取多种生物碱，对治疗淋巴肉瘤有一定疗效；假种皮含油量 38%，种仁含油量 55% ~70%，为工业用油。

# 海南粗榧

## **Cephalotaxus mannii** Hook. f.

三尖杉科 Cephalotaxaceae
国家一级重点保护野生植物。
按 IUCN 和《中国物种红色名录》的标准为易危种。

形态特征　常绿乔木，高达 25m；树皮浅褐色或褐色，片状脱落。叶条形，排成二列，常微弯或直，长 2~4cm，宽 2.5~3.5mm，基部圆截形，稀圆形，顶端急尖或近渐尖，干后边缘向下反曲，上面中脉隆起，深绿色，下面中脉两侧有白色孔带。雄球花总花梗长约 4mm。种子稍扁，倒卵状椭圆形或倒卵形，长 2.2~2.8cm，假种皮熟时红色，顶端有小尖头。

地理分布　海南、广东、广西、云南、西藏。

生长环境　生于山地林中。

养护要点　喜凉爽气候环境，宜种植于山地林中。

濒危原因　主要是过度砍伐等原因造成。

用　　途　木材坚实、结构细密，可为建筑、家具、器具等用材。枝叶可提取生物碱，对治疗白血病及淋巴肉瘤有一定疗效。

# 篦子三尖杉

## Cephalotaxus oliveri Mast.

三尖杉科 Cephalotaxaceae
国家二级重点保护野生植物。
按 IUCN 和《中国物种红色名录》的标准为易危种。

形态特征 常绿灌木或小乔木，高达 4m；树皮灰褐色。叶条形，质硬，螺旋状着生，排成紧密的二列，长 1.5~3.5cm，宽 3~4.5mm，中部以上向上微弯，基部截形或呈微心形，顶端急尖，下面有两条粉白色气孔带，较绿色边带宽 1~2 倍。雄球花 6~7 个聚生成头状；雌球花由数对交互对生的苞片组成，每片苞片腹面基部着生 2 枚胚珠。种子倒卵圆形或卵圆形。花期 3~4 月；种子 10 月成熟。
地理分布 广东、湖北、湖南、四川、云南等地。
生长环境 生于海拔 500~1 000m 山谷的针叶、阔叶树混交林中。
养护要点 喜凉爽气候环境，宜种植于山地林中。
濒危原因 主要是过度砍伐等原因造成。
用　　途 木材可为细木工、农具等用材；根、茎、叶可提取生物碱，对治疗白血病及淋巴肉瘤有一定疗效；种子可榨油，供制皂及润滑油。

红豆杉科 Taxaceae
国家一级重点保护野生植物。
按 IUCN 和《中国物种红色名录》的标准为易危种。

# 红豆杉

## Taxus chinensis (Pilger) Rehd.

形态特征 乔木，高达 30m；树皮灰褐色、红褐色或暗褐色。叶排成二列，条形，稍弯或较直，长 1~3cm，宽 2~4mm，上部稍变窄，顶端常急尖或渐尖，上面深绿色，下面浅绿色，具两条气孔带，中脉上密被乳头状突起。雄球花淡黄色。种子生于杯状肉质假种皮中，卵球形，上部渐窄，稍扁，上部具二钝棱脊，稀三角状具三条钝脊，顶端具突起的短尖头，种脐近圆形；假种皮熟时红色。
地理分布 甘肃、陕西、四川、云南、贵州、湖北、湖南、广西、安徽。
生长环境 生于海拔 1 000m 以上的高山林中。
养护要点 喜湿润、凉爽气候环境，宜种植于山坡、沟边土层较厚的山地。
濒危原因 原生境受到破坏及过度砍伐等因素。
用　　途 心材橘红色，边材淡黄色，纹理直，结构细，可为建筑、家具、器具等用材。

# 南方红豆杉

## **Taxus wallichiana** var. **mairei** (Lemée et Lévl.) L. K. Fu & Nan Li

红豆杉科 Taxaceae

国家一级重点保护野生植物。

按 IUCN 和《中国物种红色名录》的标准为易危种。

形态特征 常绿乔木，高达 30m；树皮灰褐色，裂成条片。叶螺旋状着生，排成二列，条形，近镰状，长 1.5~4.5cm，宽 2.5~5mm，上部渐窄，顶端尖，上面中脉隆起，下面有两条黄绿色气孔带，绿色边带较宽，中脉带上局部有成片或零星的角质乳头状突起。雌雄异株，球花单生于叶腋；雄球花球状，有梗；雌球花近无梗，珠托圆盘状。种子生于红色肉质的杯状假种皮中。花期 9~12 月。

地理分布 安徽、浙江、福建、台湾、江西、广西、湖南、陕西、四川、云南、贵州、湖北等省区。

生长环境 生于海拔 1 200m 以下的山地林中。

养护要点 宜种植于水肥较好的山谷中。

濒危原因 主要是过度砍伐造成。

用　　途 木材坚实，纹理细直，可为建筑、车辆、家具等用材；假种皮熟时味甜可食，但枝和叶有毒，对牲畜有害。

# 云南红豆杉

## **Taxus yunnanensis** Cheng et L. K. Fu

红豆杉科 Taxaceae

国家一级重点保护野生植物。

按 IUCN 和《中国物种红色名录》的标准为易危种。

形态特征 常绿乔木，高达 20m；树皮灰褐色，裂成鳞状薄片。叶排成二列，条形，微弯，稍近镰状，长 1.5~4.7cm，宽 2~3mm，边缘向下反卷，上部渐窄，顶端渐尖或急尖，基部偏斜，上面深绿色，下面浅绿色，有两条淡黄色气孔带，中脉带与气孔带上密被乳头状突起。雄球花淡褐黄色；雌球花近无梗，珠托圆盘状。种子生于肉质杯状的假种皮中，卵球形，假种皮熟时红色，种脐椭圆形。

地理分布 四川、云南、西藏。不丹、缅甸。

生长环境 生于海拔 2 000~3 500m 的山地林中。

养护要点 宜种植于水肥较好的山谷中。

濒危原因 主要是过度砍伐造成。

用　　途 木材材质坚实，纹理细直，可为建筑、车辆、家具等用材。树皮含紫杉醇，对乳腺癌、卵巢癌有一定疗效。

# 第三章 被子植物

# Angiosperms

木兰科 Magnoliaceae
国家二级重点保护野生植物。
据 IUCN 和《中国物种红色名录》的标准为易危种。

## 鹅掌楸

**Liriodendron chinense** (Hemsl.) Sarg.

形态特征 落叶乔木，高达 40m。叶形独特，形似马褂，因此又称“马褂木”。叶具长柄，顶端平截或微凹，两侧各具 1 浅裂或深裂。花黄绿色，单生枝顶，杯状，花被片 9，具黄色条纹；外轮 3 片，绿色，萼状，向外弯垂，内两轮直立，花瓣状；雌蕊和雄蕊多数，螺旋状排列，花药外向开裂。聚合果纺锤形，成熟心皮木质。种皮与内果皮愈合，顶端延伸成翅状，成熟时脱落，花托宿存；种子 1~2 粒。花期：5 月；果期：9~10 月。
地理分布 长江流域及以南各省区。越南。
生长环境 生于山地阔叶林中。
养护要点 种子繁殖。人工辅助授粉，果实充分成熟后采种，阴干取出种子，将种子播于湿沙中层积催芽。栽培以肥沃湿润、深厚的壤土为好。
濒危原因 孑遗植物，在白垩纪曾广泛分布，经第四纪冰川期后，多数绝灭。过度砍伐，天然更新能力很弱，导致种群数量减少是主要原因。
用　　途 木材纹理美丽，结构致密，是建筑、装饰、细木工等优良用材。叶和树皮药用，祛湿驱风。树干挺拔，叶形奇特，花色艳丽，是珍贵观赏树种。

# 杂交鹅掌楸

## Liriodendron chinense × L. tulipifera

形态特征　落叶乔木，叶形马褂状，两侧近基部各1~2裂，顶端平截或微凹，叶面深绿色，背面苍白色。花黄绿色，单生枝顶，杯状；花被片9，外轮3片萼片状，外面绿色，内面具黄色脉纹，内2轮6片花瓣状，深黄色；雌蕊和雄蕊多数，螺旋状排列，心皮多数。聚合果纺锤形；小坚果具翅。花期：5月；果期：9~10月。

地理分布　热带、亚热带地区有栽培。

生长环境　适生于温暖湿润和阳光充足环境。

养护要点　扦插、嫁接繁殖。栽培以肥沃湿润、深厚的壤土为好。排水、日照需要良好。

用　　途　由原产中国的鹅掌楸与原产美国的北美鹅掌楸的杂交而成，生长速度快，适应性强，为优良的造林绿化美化树种，也适合庭园观赏。

木兰科 Magnoliaceae
奇特植物。

# 霸王木兰

## **Magnolia bawangensis** Law R. Z. Zhou & D. M. Liu

形态特征　常绿小乔木，高达5m。芽、嫩枝、叶柄、叶背被灰白色长柔毛。叶革质，椭圆状披针形，长13~18cm，宽4~6cm，顶端渐尖，基部楔形，叶色浓绿；托叶痕达叶柄顶端。花单生枝顶，花梗下弯，被黄褐色长柔毛；花蕾卵球状，绿色，被褐色柔毛，苞片被淡褐色柔毛；花芳香，花被片9片，外轮3片浅绿色，具突起腺点，内2轮白色，肉质；雄蕊多数，心皮多数。聚合果卵球形；种子红色。花期5~6月；果期9~10月。
地理分布　特产海南霸王岭。
生长环境　生于海拔800~1 200m的山地季雨林中。
养护要点　播种、嫁接繁殖。性喜温暖湿润环境。栽培以肥沃湿润、排水良好、土层深厚的砂质壤土为好。苗期需适当遮阴，渐大后移至阳光充足环境。
用　　途　株形小巧，花姿清秀，香气淡雅，适合庭园观赏或盆栽摆设。

# 香港木兰

## **Magnolia championii** Benth.

形态特征　常绿灌木或小乔木，高4~5m。叶革质，窄长圆状椭圆形或狭倒卵状椭圆形，长7~14cm，宽2~5cm，顶端尾状渐尖，基部楔形，稍下延，叶面深绿色，有光泽，叶背淡绿色；托叶痕几达叶柄顶端。花单生枝顶，直立，极芳香；花被片9片，外轮3片淡绿色，长圆状椭圆形，内2轮6片白色，倒卵形；雌蕊和雄蕊多数；心皮多数。聚合果圆柱形；种子多数，红色。花期5~6月；果期9~10月。
地理分布　广东、香港、海南及广西。
生长环境　生于低海拔山地常绿阔叶林中。
养护要点　播种、嫁接繁殖。栽培以肥沃湿润、土层深厚的壤土为佳。排水、日照需良好。性喜温暖湿润至高温高湿环境，生长适温18~30℃。
濒危原因　过度砍伐，天然更新能力很弱，导致种群数量减少是主要原因。
用　　途　株形小巧，叶色浓绿，花香浓郁，用于庭园观赏或盆栽摆设。

木兰科 Magnoliaceae
中国特有种。
按IUCN和《中国物种红色名录》的标准为濒危种。

# 夜合

木兰科 Magnoliaceae

按 IUCN 和《中国物种红色名录》的标准为易危种。

## Magnolia coco (Lour.) DC.

形态特征 常绿灌木或小乔木，高达 4m；全株光滑无毛。树皮灰色；小枝绿色。叶革质，椭圆形或倒卵状长圆形，长 7~14cm，宽 2~4.5cm，顶端长渐尖，基部楔形，叶色深绿有光泽，叶边缘皱波状，稍反卷；托叶痕达叶柄顶端。花单生枝顶，花梗下弯，花被片 9 片，肉质，倒卵形，外轮淡绿色，内 2 轮乳白色。雌蕊和雄蕊多数；心皮多数。聚合果长圆柱形。花期几乎全年，以夏季为盛。

地理分布 广东、广西、福建、浙江、台湾、云南。越南。

生长环境 生于海拔 600~900m 的山地常绿阔叶林中。

养护要点 播种、嫁接繁殖。栽培以肥沃湿润、土层深厚的壤土为好。排水、日照需良好。性喜高温高湿环境，生长适温 20~30℃。

用　　途 株形小巧，叶色浓绿，花色洁白，花姿低垂如含羞少女，花香浓郁，适于庭园观赏或盆栽摆设。

# 玉兰

## Magnolia denudata Desr.

形态特征 落叶乔木，高达 15m。冬芽密被淡黄灰色长绢毛。叶互生，倒卵形或倒卵状长圆形，长 10~15cm，顶端急尖，基部楔形或阔楔形，背面叶脉有柔毛。花大，先叶开放，单生枝顶，白色，直径 12~15cm，芳香；花被片 9 片，每 3 片排成 1 轮；雄蕊和雌蕊多数。聚合果圆筒形，红色至淡红褐色；种子具鲜红色肉质外种皮。花期 2~3 月；果期 8~9 月。

地理分布 黄河流域以南各省区。现世界亚热带地区广泛栽培。

生长环境 生于山地林中。

养护要点 种子繁殖、嫁接繁殖。喜温暖、向阳、湿润而排水良好的环境，在酸性、富含腐殖质而排水良好的土壤生长良好。对低温有一定的抵抗力，能在零下 20℃的条件下安全越冬。

濒危原因 过度砍伐，天然更新能力很弱，导致种群数量减少是濒危的主要原因。

用　　途 我国著名的木本观赏花卉。唐代时，人们把玉兰、海棠、牡丹、桂花合称为“玉堂富贵”，象征吉祥如意。北方早春重要的观花树木，上海市市花。花可提取香精油；花蕾和树皮药用。

木兰科 Magnoliaceae

按 IUCN 和《中国物种红色名录》的标准为易危种

# 毛叶木兰

## **Magnolia globosa** Hook. f. & Thoms.

形态特征　落叶小乔木，高达 10m。嫩枝、嫩叶、花梗被红褐色卷曲长柔毛，小枝红褐色或深紫红色。叶椭圆状卵形、宽卵形或椭圆形，长 10~24cm，宽 5~14cm，顶端急尖或圆，基部圆形；托叶痕几达叶柄顶端。花叶同期开放，花单生枝顶，芳香；花被片 9 片，乳黄白色，3 轮排列；雄蕊深红色，雌蕊绿色。聚合果长圆柱形。花期 4 月；果期 8~9 月。

地理分布　四川、云南和西藏。锡金和缅甸。

生长环境　生于海拔 1 900~3 300m 的山地常绿阔叶林中。

养护要点　播种、嫁接繁殖。性喜温暖湿润环境。栽培以肥沃湿润、土层深厚的壤土为佳。排水、日照需良好。

用　　途　树形优美，季相明显，花色艳丽、芳香，适合庭园观赏。

木兰科 Magnoliaceae

按 IUCN 和《中国物种红色名录》的标准为易危种。

# 荷花玉兰

## **Magnolia grandiflora** Linn.

形态特征 常绿乔木，高达30m。叶厚革质，长16~20cm，长圆状披针形或倒卵状长椭圆形，叶面深绿色，有光泽，背面密被锈色绒毛。花单生于枝顶，荷花状，直径15~20cm，白色，芳香；花被片9~13片，倒卵形。聚合果圆柱形，被锈色绒毛；蓇葖果卵圆形，紫褐色，顶端有外弯的喙。种子红色。花期5~7月；果期9~10月。
地理分布 原产北美洲，我国长江以南各省区有栽培。
生长环境 阳性树种，性喜温暖湿润和阳光充足环境。
养护要点 播种、嫁接繁殖。在深厚、肥沃、排水良好的酸性土壤生长良好。幼树宜适度遮阴，大树喜阳光充足。病虫害少，生长速度中等。
用　　途 树姿优美，枝叶繁茂，花朵硕大，抗烟尘、毒气的能力强，是优良的抗污染树种。适于厂区、道路绿化和庭院观赏；盆栽可作为室内摆设。花可提取挥发油；叶入药，治高血压。



# 广南木兰

## **Magnolia guangnanica** Law et S. C. Yang

形态特征 常绿乔木，高达10m。嫩枝、叶背、雌蕊群被灰白色柔毛。叶厚革质，卵状椭圆形或椭圆形，长10~18cm，宽4~8cm，叶面深绿色；托叶痕几达叶柄顶端。花单生枝顶，芳香；花蕾卵球形，绿色；花被片9片，白色，肉质，3轮排列；雄蕊和雌蕊多数，心皮多数。聚合果椭圆体形；种子多数，外种皮红色。花期5~6月；果期9~10月。
地理分布 云南。
生长环境 生于海拔800~1 500m的山地常绿阔叶林中。
养护要点 播种、嫁接繁殖。喜温暖湿润和阳光充足环境，栽培以肥沃湿润、排水良好的酸性土壤为宜。
用　　途 树冠宽广，叶色终年常绿，花洁白芳香，适合乡土树种林分改造或庭园观赏。

# 大叶木兰

## Magnolia henryi Dunn

木兰科 Magnoliaceae
国家二级重点保护野生植物。
按 IUCN 和《中国物种红色名录》的标准为易危种。

形态特征　常绿乔木，高达 20m。叶厚革质，长圆形至倒卵状长圆形，长 20~70cm，宽 7~22cm，顶端钝圆或具突尖，基部宽楔形，叶色浓绿。托叶痕几达叶柄顶端。花乳白色，花被 9~10，3 轮，外轮近革质，中、内两轮肉质；雄蕊多数；雌蕊群椭圆状卵圆形。聚合果圆柱形或圆柱状卵圆形，蓇葖顶端具喙；种子红色。花期：4~5 月；果期：9~11 月。

地理分布　云南。缅甸、泰国、老挝。

生长环境　生于海拔 300~1 300m 的北热带沟谷雨林或山地季雨林山地、丘陵或沟谷。

养护要点　播种繁殖。果实充分成熟时采收晾干，取出种子，除去外种皮，洗净种子，即行播种，发芽率高。适生于排水良好壤土，苗期适当遮荫。

濒危原因　过度砍伐，天然更新能力很弱，导致种群数量减少是主要原因。

用　　途　木材致密，耐腐、耐水湿。叶大而浓密，花大而芳香，适合庭园观赏。

# 辛夷

## Magnolia liliiflora Desr.

木兰科 Magnoliaceae
中国特有种。
按 IUCN 和《中国物种红色名录》的标准为易危种。

形态特征　落叶小乔木，高达 4m。冬芽被灰褐色毛；小枝紫褐色。叶倒卵形或椭圆状卵形，长 9~18cm，宽 4~10cm，顶端急尖或渐尖，基部楔形。花单生枝顶，先叶开放或与叶同期开放；花大，钟状，直立；花被片 9~12 片，外轮 3 片萼片状，淡紫褐色；内 2~3 轮花瓣状，长圆状倒卵形，外面紫色或紫红色，内面浅紫色至白色；雄蕊紫红色；花柱顶端微弯。聚合果长圆形，长 7~10cm，淡褐色。花期 4~5 月；果期 8~9 月。

地理分布　云南、四川和湖北。河南、安徽、浙江、四川、陕西、湖北、云南及华东各地常见栽培。

生长环境　生于海拔 300~1 600m 的山坡林缘。

养护要点　播种、分株、压条、扦插、嫁接繁殖。耐旱、耐寒，忌积水，喜阳光充足、肥沃、排水良好的砂质壤土。

用　　途　著名的观赏花木，早春开花时节，满树紫红，别具风情，适于庭园观赏或盆栽摆设。树皮、叶和花可提制芳香浸膏；花蕾入药能降血压、驱风寒、利肺气、通鼻窍、止头痛，主治头痛、鼻窦炎等。

# 木论木兰

## **Magnolia mulunica** Law et Q. W. Zeng

木兰科 Magnoliaceae
中国特有种。
按 IUCN 和《中国物种红色名录》的标准为濒危种。

形态特征 常绿小乔木，高达 5m。嫩枝绿色，老枝灰褐色。叶厚革质，狭椭圆形，长 12~20cm，宽 2.5~4cm，顶端长渐尖，基部楔形；托叶痕达叶柄顶端。花单生枝顶，芳香；花梗下弯，密被淡黄色平伏柔毛；花被片 9 片，外轮绿色，内 2 轮白色，厚肉质；雄蕊、雌蕊多数，心皮多数。聚合果椭圆形，绿色；蓇葖具长喙；种子外种皮红色。花期 4~6 月；果期 9~10 月。
地理分布 广西环江、罗城、贵州荔波。
生长环境 生于海拔 500~600m 的石灰岩山地常绿阔叶林中。
养护要点 播种、嫁接繁殖。栽培以肥沃湿润、土层深厚的壤土为好。排水、日照需良好。性喜温暖湿润，生长适温 18~28℃。
濒危原因 分布范围狭窄，种群数量少，生境受破坏，天然更新能力很弱，导致种群数量减少是濒危的主要原因。
用 途 树姿清秀，花色洁白，用于乡土树种林分改造或庭园观赏。

木兰科 Magnoliaceae
中国特有种。
国家二级重点保护野生植物。
按 IUCN 和《中国物种红色名录》的标准为极危种。

# 馨香木兰

## **Magnolia odoratissima** Law et R. Z. Zhou

形态特征 常绿小乔木，高5~6m。嫩枝、叶背被白色长毛。叶革质，卵状椭圆形，长 8~14cm，宽 4~7cm，顶端长渐尖或急尖，基部宽楔形；托叶痕达叶柄顶端。花单生枝顶，极芳香。花被片 9 片，乳白色；外轮 3 片倒卵形，具 9 条纵脉纹，中轮、内轮 6 片倒卵形；雄蕊、雌蕊多数。聚合果圆柱体形或圆柱状卵球形；种子外种皮红色。花期 5~6 月，果期 9~10 月。
地理分布 云南。
生长环境 生于亚热带常绿阔叶林中湿润山谷和沟坡下部。
养护要点 播种、嫁接繁殖。适生于温暖湿润环境，喜肥沃、中性偏酸壤土。
濒危原因 过度砍伐，天然更新能力很弱，导致种群数量减少是主要原因。
用 途 嫩叶新出时绯红烂漫，剔透圆润，花色洁白，香气浓郁，适于庭园观赏。

# 凹叶厚朴

## **Magnolia officinalis** Rehd. et Wils. subsp. **biloba** (Rehd. et Wils.) Law

木兰科 Magnoliaceae
中国特有种。
国家二级重点保护野生植物。
按 IUCN 和《中国物种红色名录》的标准为易危种。

形态特征　落叶乔木，树皮淡褐色。叶常簇生于枝顶，革质，狭倒卵形，长 15~30cm，宽 8~17cm，顶端有凹缺或成 2 钝圆浅裂片，基部楔形，叶背灰绿色，幼时被毛；叶柄被白色柔毛。花白色或浅紫红色，芳香；花被片 9~12；雄蕊和心皮多数。聚合果圆柱状卵形，长 11~16cm；蓇葖果木质，有短尖头。花期：4~5 月；果期：9~10 月。
地理分布　安徽、浙江、福建、江西、湖南、湖北、贵州、广西、广东。
生长环境　生于海拔 400~1 200m 的温带至亚热带阔叶林中。
养护要点　播种或嫁接繁殖。在温凉、湿润环境和酸性的肥沃砂壤土上生长良好，忌高温多湿及干旱环境。幼苗期需适度蔽荫。
濒危原因　因生境破坏和药用大量剥取树皮，导致分布范围缩小，成年野生植株极少见。
用　　途　树皮是名贵中药材，药用祛湿消痰，下气除满。枝叶繁茂，树姿优美，花大芳香，适合庭园观赏或作行道树。

# 长叶木兰

## **Magnolia paenetalauma** Dandy

形态特征　常绿乔木，高达 11m。幼枝、幼叶、花梗及苞片被淡褐色长柔毛。叶薄革质，狭椭圆形或倒卵状披针形，长 9~15cm，宽 2.5~4.5cm，叶缘呈波浪状；托叶痕几达叶柄顶端。花单生枝顶，白色，芳香；花被片 9，3 轮排列，外轮近革质，淡绿色，内 2 轮肉质。聚合果椭圆体形，长约 5~6cm，熟时褐色。花期：4~6 月；果期：9~10 月。
地理分布　广东、广西、海南、贵州。越南。
生长环境　生于海拔 1 000m 以下温暖湿润的山地林中。
养护要点　播种、嫁接繁殖。在高温多湿环境及肥沃、通气良好的砂质壤土上生长良好，忌水浸。幼苗需适度蔽荫。
用　　途　枝繁叶茂，花芳香美丽，为优良的园林观赏树种。

木兰科 Magnoliaceae
奇特植物。

# 黄花木兰

木兰科 Magnoliaceae

奇特植物。

## Magnolia liliifera Baill

形态特征　常绿灌木，高达 5m。嫩枝、叶背、叶柄被浅褐色平伏毛。叶革质，卵形或卵状椭圆形，长 10~20cm，宽 4~10cm，叶色浓绿；托叶痕几达叶柄顶端。花单生枝顶，花梗粗壮下弯；花大，芳香，花被片 9，外轮近革质，淡绿色，内 2 轮鲜黄色，厚肉质；雄蕊和心皮多数。聚合果卵球形。花期：全年；果期：9~10 月。

地理分布　原产马来西亚。

生长环境　生于海拔约 1 500m 的林中。

养护要点　播种繁殖或嫁接繁殖。栽培以肥沃湿润、深厚的壤土为佳。排水、日照需要良好。性喜高温高湿，生长适温为 20~32℃。

用　　途　株形优美，叶色浓绿，花色艳黄，花姿低垂娇羞无比，浓香扑鼻，适于庭园观赏或盆栽摆设。

木兰科 Magnoliaceae
按 IUCN 和《中国物种红色名录》的标准为易危种。

# 天女花

## Magnolia siebodii K.Koch

形态特征 落叶小乔木，高达 10m。小枝、叶柄、叶背中脉等被浅白色长柔毛。叶膜质，宽倒卵形或倒卵状圆形，长 9~15cm，宽 4~9cm，顶端急尖，基部宽楔形。叶面绿色，叶背苍白色；托叶痕约为叶柄长的 1/2。花叶同期开放，花下垂，芳香；花被片 9 片，白色，3 轮排列；雄蕊和心皮多数。聚合果熟时红色。花期 3~4 月；果期 9~10 月。
地理分布 吉林、辽宁、山东、安徽、浙江、江西、福建、湖南、广西、贵州等地。韩国、日本。
生长环境 生于海拔 300~2 000m 的沟谷林中。
养护要点 播种、嫁接繁殖。栽培以肥沃湿润、土层深厚的壤土为佳。排水、日照需良好。喜温暖湿润环境。
濒危原因 过度砍伐，天然更新能力很弱，导致种群数量减少是濒危的主要原因。
用　　途 株形小巧，开花繁盛，花色洁白，香气浓郁，适合庭园观赏。

# 宝华玉兰

## Magnolia zenii Cheng

形态特征 落叶乔木，高约 11m。当年生小枝绿黄色，二年生枝条紫色。叶背、花芽被淡黄色长毛。叶膜质，倒卵状长圆形，长 7~16cm，宽 3~7cm，顶端急尖或尾状渐尖，基部宽楔形或圆形。花先叶开放，芳香；花被片 9 片，近匙形，外面自中部以下紫红色，往上渐变为白色；雄蕊多数，花丝紫色；雌蕊群圆柱形。聚合果木质，圆柱体形；种子红色。花期 3~4 月；果期 8~9 月。
地理分布 江苏宝华山。
生长环境 生于海拔 220m 的落叶、阔叶混交林中。
养护要点 播种、嫁接繁殖；播种时用湿润的细沙层积育苗；嫁接时可用二至三年生黄兰作砧木育苗。
濒危原因 过度砍伐，天然更新能力很弱，野生种群仅有 18 株大树，且未见更新幼苗，濒临灭绝。
用　　途 树姿优美，花色艳丽，花大且芳香，供园林观赏。

木兰科 Magnoliaceae
中国特有种。
国家二级重点保护野生植物。
按 IUCN 和《中国物种红色名录》的标准为极危种。

木兰科 Magnoliaceae
中国特有种。
国家二级重点保护野生植物。
按 IUCN 和《中国物种红色名录》的标准为濒危种。

# 香木莲

## **Manglietia aromatica** Dandy

形态特征 常绿大乔木，高达 30m，具板根。冬芽被白色平伏毛，枝叶揉碎有香气。叶革质，倒披针状长圆形至倒披针形，长 15~25cm，宽 6~9cm，顶端短渐尖或渐尖，基部楔形；托叶痕达叶柄长的 1/4~1/3。花芳香，花被片 11~12 片，外轮 3 片淡绿色，内轮纯白色；雄蕊极多；雌蕊群卵球形。聚合果卵状球形，成熟时鲜红色。花期 4~5 月；果期 9~10 月。
地理分布 云南、广西。
生长环境 生于海拔 800~1 550m 的亚热带季风常绿阔叶林、北热带季雨林石灰岩山地沟谷或坡下。
养护要点 阳性树种，种子繁殖；果实充分成熟时采收并阴干，取出种子，清除外种皮即行播种；苗期需适度遮阴。在土层深厚、肥沃的中性至微碱性土壤生长良好。
濒危原因 本种结实率低，种子萌发率低。过度砍伐，天然更新能力很弱，导致种群数量减少是濒危的主要原因。
用　　途 用材树种；树姿雄伟，枝叶繁茂，花色红艳，芳香浓郁，是庭园观赏的优良树种。

# 落叶木莲

## **Manglietia decidua** Q.Y.Zheng

木兰科 Magnoliaceae
中国特有种。
国家一级重点保护野生植物。
按 IUCN 和《中国物种红色名录》的标准为极危种。

形态特征 落叶乔木，高达 30m。叶近纸质，椭圆形至倒卵形，长 14~20cm，宽 3.7~7cm，先端急尖，基部楔形，全缘。花单生枝顶，淡黄色，芳香；花大，花被片 15~16 枚，花被片长可达 7cm，螺旋状排列成 5 轮。聚合果卵形或近球形，直径 4~5cm，红棕色；种子红色。花期 4 月，果期 9~10 月。
地理分布 仅见于江西（宜春）和湖南（永顺）。
生长环境 生于中亚热带 400~1 200m 常绿阔叶林山地林中。
养护要求 种子繁殖，嫁接繁殖。种子充分成熟时采收，清洗种子，晾干；播于盛有细砂的盆内，约 20~30 天发芽。幼苗期生长快，需适度遮阴，要求深厚疏松、富含腐殖质微酸性土壤。
濒危原因 种群分布狭窄，天然更新能力很弱，导致种群数量减少是主要原因。
用　　途 树冠宽卵形，树干通直，花大芳香，季相明显，用于庭园观赏。

# 大果木莲

## **Manglietia grandis** Hu et Cheng

木兰科 Magnoliaceae
中国特有种。
国家二级重点保护野生植物。
按 IUCN 和《中国物种红色名录》的标准为濒危种。

形态特征 常绿乔木，高 10~20m。新枝绿色。叶革质，椭圆状长圆形，长 20~35cm，10~13cm，顶端具短尖，基部宽楔形，叶背浅灰色；托叶痕约为叶柄长的 1/4。花被片 9~11，外轮 3，淡红色，中轮上部紫红色，内轮上部淡红色，间有深红色线纹；雄蕊多数；雌蕊群卵圆形。聚合果长圆状或长椭圆体形；种子鲜红色至红褐色。花期 5~6 月；果期 10~11 月。

地理分布 云南、广西。

生长环境 生于海拔 800~1 500m 的亚热带季雨林或沟谷雨林石灰岩山地林中。

养护要点 种子繁殖。适生于中性至微碱性肥沃壤土，幼苗期需适度遮阴并保持较高的湿度。

濒危原因 过度砍伐，天然更新能力很弱，导致种群数量减少是主要原因。

用　　途 优良用材树种，木材结构细致，耐腐、耐水湿、耐虫蛀；叶大浓绿，花大而红艳、芳香，为南方新优园林观赏树种。

# 红花木莲

木兰科 Magnoliaceae

按 IUCN 和《中国物种红色名录》的标准为易危种。

## **Manglietia insignis** (Wall.) Blume

形态特征　常绿乔木，高达 30m。叶革质，倒披针形或长圆状椭圆形，长 10~26cm，宽 4~10cm，顶端尾状渐尖，基部楔形，叶背中脉疏生红褐色平伏柔毛；托叶痕为叶柄长的 1/4~1/3。花单生枝顶，芳香；花被片 9~12 片；外轮 3 片浅紫色，腹面紫红色，内轮 6~9 片上部淡红色，下部粉红或白色，花被片基部渐狭成爪。聚合果卵状长圆形，熟时紫红色。花期 4 月；果期 8~9 月。

地理分布　湖南、广西、四川、贵州、云南、西藏。尼泊尔、印度、缅甸。

生长环境　生于海拔 900~1 600m 的亚热带山地林中。

养护要点　播种、嫁接繁殖。以肥沃湿润、土层深厚的壤土为佳，排水、灌溉、日照需良好，幼苗较耐阴，成年植株喜阳光充足，不耐干旱。性喜温暖湿润，生长适温 15~28℃。

濒危原因　过度砍伐，种群数量少，生境破坏，天然更新能力很弱，是导致种群数量减少的主要原因。

用　　途　株形优美，叶色浓绿，花淡红色，雅致芳香，适合作园景树。

# 马关木莲

木兰科 Magnoliaceae
奇特树种。

## **Manglietia maguanica** Chang et B. L. Chen

形态特征　常绿乔木，高达 20m。幼枝被白粉。叶革质，披针形、长圆状披针形或椭圆形，长 24~30cm，宽 5.6~7.5cm，顶端渐尖，基部楔形，叶面亮绿色，叶背幼时被白粉；托叶痕为叶柄长的 1/3~1/2。花大，单生枝顶，芳香；花被片 9 片，外轮暗紫红色，内 2 轮中上部紫红色，基部白色。聚合果卵状圆柱形，熟时深紫色，蓇葖果顶部具喙；种子红色。花期 4 月；果熟期 10~11 月。

地理分布　云南。

生长环境　生于海拔 1 600~2 000m 的常绿阔叶林中。

养护要点　播种、嫁接繁殖。要求温暖而湿润的环境，肥沃和排水良好的酸性土壤。

用　　途　用材树种；优良的庭园观赏树种。

# 大叶木莲

木兰科 Magnoliaceae
中国特有种。
国家二级重点保护野生植物。
按 IUCN 和《中国物种红色名录》的标准为濒危种。

## **Manglietia megaphylla** Hu et Cheng

形态特征　常绿乔木，高达 20m。小枝、叶背、叶柄、花梗、果柄等密生锈色长柔毛。叶大型，革质，常聚生枝顶，长圆状倒卵形，长 20~50cm，宽 12~20cm，顶端短渐尖，基部楔形；托叶痕为叶柄长的 1/3~1/2。花单生枝顶，花被片 12 片，数轮排列，长圆形；雄蕊鲜红色，多数。聚合果卵形，熟时深紫色。种子红色。花期 5~6 月；果期 10~11 月。

地理分布　云南、广西。

生长环境　生于海拔 800~1 500m 的阴湿的山地沟谷两旁。

养护要点　种子繁殖；采果后晾干取出种子，除去外种皮，播于盛有湿润细砂的盆中。种子发芽需 20~30℃。半阴性树种，喜湿润、土层深厚、肥沃的酸性土壤。苗期要遮阴。

濒危原因　过度砍伐，天然更新能力很弱，导致种群数量减少是濒危的主要原因。

用　　途　优良的用材树种和庭园观赏树种。主干挺直，木材纹理细致，材质轻软，为建筑、家具、胶合板等用材。

木兰科 Magnoliaceae
奇特植物

# 毛桃木莲

## Manglietia moto Dandy

形态特征　常绿乔木，高达 20m。芽、嫩枝、幼叶、托叶、叶背、叶柄、花梗及果柄均密被锈色绒毛。叶革质，倒卵状椭圆形或倒披针形，长 25~50cm，宽 10~20cm；顶端急尖，基部宽楔形；托叶痕约为叶柄长的 1/3。花单生枝顶，芳香：花梗外弯或下垂；花被片 9 片，乳白色，肉质；雄蕊鲜红色，多数；雌蕊群卵球形。聚合果卵球形。花期 5~6 月；果期 10~12 月。
地理分布　福建、湖南、广东、广西及云南。
生长环境　生于海拔 400~1 200m 的山地阔叶林中。
养护要点　播种、嫁接繁殖。栽培以肥沃湿润、土层深厚的壤土为佳。排水、日照需良好。性喜高温高湿，生长适温 18~30℃。
用　　途　树姿优美，顶芽、叶背在阳光和微风下透射出锈色光芒，婀娜多姿，适于造林绿化和园林观赏。

木兰科 Magnoliaceae
中国特有种
国家二级重点保护野生植物
按 IUCN 和《中国物种红色名录》的标准为濒危种

# 厚叶木莲

## Manglietia pachyphylla H. T. Chang

形态特征　常绿乔木，高可达 16m。小枝被白粉，芽被淡黄色长柔毛。叶厚革质，倒卵状椭圆形或倒卵状长圆形，长 12~32cm，宽 6~10cm，顶端短急尖，基部楔形，叶柄粗壮。花被片常 9，倒卵形，外轮 3 片稍薄，内 2 轮厚肉质，最内 1 片狭长；雄蕊多数，鲜红色，雌蕊群卵球形。聚合果椭圆状球形，蓇葖顶端具短喙；种子扁球形，深红色。花期 5 月；果期 8~9 月。
地理分布　特产于广东从化、新丰、龙门、增城。
生长环境　生于海拔 650~1 000m 的山地常绿阔叶林中。
养护要求　种子繁殖，种子充分成熟时采收，清洗种子，晾干；播于盛有细砂的盆内，约 20~30 天发芽。幼苗期需适度遮阴，栽培基质要求疏松、通气，富含腐殖质。
濒危原因　人类的过度砍伐，天然更新能力很弱，是导致种群数量减少濒危的主要原因。
用　　途　树形美观，枝叶繁茂，花色淡雅，芳香，可用于园林观赏。

木兰科 Magnoliaceae
按 IUCN 和《中国物种红色名录》的标准为濒危种。

# 锈毛木莲

## Manglietia rufibarbata Dandy

形态特征　常绿乔木，高达 10m。芽、嫩枝、叶柄、叶背及花梗均被褐色长毛。叶革质，倒卵形或倒卵状椭圆形，长 10~25cm，宽 4~9cm，顶端渐尖，基部楔形；托叶痕约为叶柄长的 1/3。花大，单生枝顶，乳白色；花被片 9~12 片，外轮 3 片长圆状椭圆形，内 2 轮倒卵形；雄蕊群鲜红色，雌蕊群绿色。聚合果长圆柱形。花期 5~6 月；果期 9~10 月。
地理分布　云南。越南。
生长环境　生于海拔 1 300~1 600m 的热带季雨林山谷密林中。
养护要点　播种、嫁接繁殖。栽培以肥沃湿润、土层深厚的壤土为佳。排水、日照需良好。性喜温暖湿润，生长适温 18~28℃。
用　　途　枝叶繁茂，叶色美丽，花芳香，适用于造林绿化或园林观赏。

# 华盖木

## Manglietiastrum sinicum Law

形态特征　常绿大乔木，高可达 40m，有板根。叶革质，长圆状倒卵形或长圆状椭圆形，长 15~26cm，宽 5~8cm，顶端急尖，基部楔形；叶柄无托叶痕。花芳香，花被片 9~11，肉质，外轮 3 片长圆形，外面深红色，内面白色，内 2 轮白色，基部具爪；雄蕊、心皮多数。聚合果厚木质，倒卵圆形或椭圆形；种子红色。花期：4 月下旬；果期：10~11 月。
地理分布　特产云南西畴县，自然界仅存 7 株大树。
生长环境　生于海拔 1 300~1 550m 的山地向阳的沟谷荫湿处。
养护要求　种子繁殖；采果后阴干取出种子，洗除外种皮，晾干随即播种。或将种子于湿沙中层积，翌年 2~3 月播种；基质用沙质土或腐殖质土，播种后保持湿润，一般 30~50 天出苗，苗期要遮荫。
濒危原因　过度砍伐，天然更新差导致。
用　　途　珍稀的用材树种，树干挺拔通直，木材结构细致，耐腐；花色艳丽而芳香，适合庭园观赏。

木兰科 Magnoliaceae
中国特有种。
国家二级重点保护野生植物。
按 IUCN 和《中国物种红色名录》的标准为极危种。

# 苦梓含笑

## Michelia balansae (A. DC.) Dandy

形态特征 常绿乔木，高达 10m。芽、幼枝、叶柄、叶背、花蕾及花梗均密生黄褐色绒毛。叶厚革质，长圆状椭圆形或倒卵状椭圆形，长 10~20cm，宽 5~10cm，顶端短急尖，基部宽楔形；无托叶痕。花腋生，极芳香，花被片 6 片，白色带淡绿色，倒卵状椭圆形；雄蕊多数，黄色；雌蕊群具柄，被黄褐色绒毛。聚合果穗状；蓇葖顶端具外弯的喙。花期 4~6 月；果期 9~10 月。
地理分布 广东、海南、广西、云南。
生长环境 生于海拔 350~1 000m 的山地常绿阔叶林中。
养护要点 播种、嫁接繁殖。栽培以肥沃湿润、土层深厚的壤土为佳。排水、日照需良好。性喜温暖湿润，生长适温 18~28℃。
用　　途 树姿优美，花白芳香，适合乡土树种林分改造或庭园观赏。

木兰科 Magnoliaceae
奇特植物

# 金叶含笑

## Michelia foveolata Merr. ex Dandy

形态特征 常绿大乔木，高达 30m。芽、嫩枝、叶柄、花梗密被红褐色短绒毛。叶厚革质，长圆状椭圆形、椭圆状卵形或阔披针形，长 17~23cm，宽 6~11cm，顶端短渐尖，基部宽楔形至微心形，两侧不对称；叶面亮绿色，叶背密被锈色短绒毛。花单生叶腋，芳香；花被片 9~12 片，乳黄色；雄蕊多数，花丝红色。聚合果穗状；种子红色。花期 3~5 月；果期 9~10 月。
地理分布 贵州、湖北、湖南、江西、广东、广西及云南。
生长环境 生于海拔 500~1 800m 山地常绿阔叶林中。
养护要点 播种繁殖或嫁接繁殖。栽培以肥沃湿润、土层深厚的壤土为好。排水、日照需要良好。性喜温暖湿润。
用　　途 枝叶繁茂，叶色在阳光和微风下闪闪发光，花姿雅致，香气袭人，用于造林绿化或园林观赏。

木兰科 Magnoliaceae
奇特植物

# 石碌含笑

## **Michelia shiluensis** Chun et Y. E. Wu

形态特征 常绿乔木，高达 20m。顶芽被橙黄色有光泽的柔毛。叶革质，倒卵状长圆形，长 8~14cm，宽 4~7cm，顶端钝圆，具短尖，基部楔形或宽楔形，上面深绿色，下面粉绿色；叶柄无托叶痕。花单生于叶腋，乳白色，芳香；花被片 9 片，花丝红色。聚合果穗状。蓇葖倒卵形或倒卵状椭圆形，顶端具短喙。花期 4~5 月；果期 9~10 月。

地理分布 特产海南霸王岭。

生长环境 长于海拔 200~1 500m 的常绿阔叶林中。

养护要点 播种、嫁接繁殖。聚合果充分成熟未开裂前采收并阴干，清除外种皮晾干播种。适生于排水良好的、富含有机质的砂质壤土。

濒危原因 过度砍伐，天然更新能力很弱，导致种群数量减少是主要原因。

用　　途 树冠宽广优美，分枝低，花芳香美丽，适合庭园观赏。

木兰科 Magnoliaceae

中国特有种。

国家二级重点保护野生植物。

按 IUCN 和《中国物种红色名录》的标准为濒危种。

# 新宁含笑

## **Michelia xinningia** Law et R. Z. Zhou

形态特征 常绿乔木，高达 20m。芽、嫩枝、叶背、叶柄均被金黄色长柔毛。叶革质，狭椭圆形，长 12~18cm，宽 4.5~5.5cm，顶端渐尖或短渐尖，基部楔形或宽楔形；无托叶痕。花芳香，白色，花被片 9，倒卵形；雄蕊多数，花丝红色。聚合果穗状；蓇葖两瓣全裂，有下凹的白色皮孔；种子卵球形。花期 4~5 月；果期 9~10 月。

地理分布 特产湖南新宁。

生长环境 生于海拔 900~1 500m 的山地林中。

养护要点 播种繁殖或嫁接繁殖。栽培以肥沃湿润、土层深厚的壤土为佳。排水、日照需良好。性喜温暖湿润。

用　　途 用材树种；用于乡土树种造林绿化和庭园观赏。

木兰科 Magnoliaceae

中国特有种。

# 云南含笑

木兰科 Magnoliaceae
中国特有种。

## **Michelia yunnanensis** Franch. ex Finet et Gagnep.

形态特征 常绿灌木，高达4m。芽、幼枝、幼叶叶背、叶柄、花梗密被深红色平伏柔毛。叶革质，倒卵形或狭倒卵状椭圆形，叶面深绿色，有光泽，叶背常残留平伏毛；托叶痕为叶柄的2/3以上。花腋生，极芳香；花被片6~12片，白色，倒卵形或倒卵状椭圆形；雄蕊、雌蕊多数，雌蕊群绿色，花梗粗短。聚合果穗状，蓇葖扁球形。花期3~4月；果期8~9月。

地理分布 云南。

生长环境 生于海拔1 100~2 300m的山地灌丛中。

养护要点 播种、嫁接繁殖。喜光，要求温暖湿润环境，肥沃和排水良好的酸性土壤。

用　　途 树形优美，枝叶繁茂，叶色常绿，花色洁白如玉，香气浓郁，为优良的庭园观赏与绿化树种。

# 乐东拟单性木兰

## **Parakmeria lotungensis** (Chun et C. Tsoong) Law.

形态特征 常绿乔木，高达 30m。小枝具环状托叶痕。叶革质，倒卵状椭圆形或狭椭圆形，长 6~11cm，宽 2~3.5cm，顶端急尖，基部楔形，下延；叶柄无托叶痕。花杂性，单生枝顶；雄花：花被片 9~12 片，外轮 3~4 片浅黄色，内 2~3 轮乳白色；两性花：花被片与雄花同形而较小，雌蕊群卵球形。聚合果长圆状卵球形，蓇葖沿背缝线全裂；种子红色。花期 4~5 月；果期 8~9 月。

地理分布 福建、江西、湖南、贵州、广东、海南。

生长环境 生于海拔 700~1 400m 的常绿阔叶林和季风常绿阔叶林中。

养护要点 种子、嫁接繁殖；本种适应性强，耐酷热和严寒。对土壤要求不严，在土层深厚、肥沃、排水良好砂质壤土生长良好。

濒危原因 过度砍伐，天然更新能力很弱，导致种群数量减少是主要原因。

用　　途 材质优良，是造船、建筑等珍贵的用材树种；本种对有毒气体抗性较强，为优良的风景树、行道树。

木兰科 Magnoliaceae

中国特有种。

按 IUCN 和《中国物种红色名录》的标准为易危种。

木兰科 Magnoliaceae

中国特有种。

国家二级重点保护野生植物。

按 IUCN 和《中国物种红色名录》的标准为濒危种。

# 合果木

## **Paramichelia baillonii** (Pierre) Hu

形态特征 常绿乔木，高 25~35m。芽、嫩枝、叶柄和叶背被白色平伏长毛。叶椭圆形、卵状椭圆形至披针状椭圆形，长 6~22cm，宽 4~7cm，顶端渐尖，基部楔形；托叶痕为叶柄长的 1/3 或 1/2 以上。花芳香、淡黄色，花被片 18~21 片，常 6 片 1 轮，外 2 轮倒披针形，内轮披针形。聚合果椭圆状圆柱形，肉质，成熟后不规则块状开裂；种子外种皮鲜红色。花期 3~5 月；果期 8~10 月。

地理分布 云南。印度、缅甸、泰国、越南。

生长环境 生于海拔 700~1 700m 热带雨林至亚热带季雨林山地林中。

养护要点 种子繁殖；喜生于土层深厚、肥沃、保水良好、有机质较多砂质壤土。苗期要遮阴。

濒危原因 过度砍伐，天然更新能力很弱，导致种群数量减少是主要原因。

用　　途 木材结构细致，材质坚韧，花纹美丽，耐腐抗虫，为高级建筑、精美家具及军工用材。

# 云南拟单性木兰

## Parakmeria yunnanensis Hu

木兰科 Magnoliaceae
中国特有种。
国家二级重点保护野生植物。
按 IUCN 和《中国物种红色名录》的标准为濒危种。

形态特征 常绿乔木，高达 40m。小枝具环状托叶痕。叶薄革质，长圆形或卵状椭圆形，长 6.5~15cm，宽 2~5cm，顶端短渐尖或渐尖，基部宽楔形或楔形。雄花及两性花异株，白色，芳香；雄花的花被片 12 片，外轮 3 片，内轮 3 片，雄蕊多数，花丝鲜红色；两性花的花被片及雄蕊与雄花相同，雌蕊群绿色，具短柄，心皮多数。聚合果长圆状椭圆形，蓇葖菱形。花期 4~5 月；果期 9~10 月。

地理分布 特产云南、广西和贵州。

生长环境 生于海拔 1 400~1 500m 亚热带常绿阔叶林中。

养护要点 播种、嫁接繁殖；果实充分成熟时采收阴干，取出种子，洗除假种皮晾干即播，或层积催芽翌年春播。喜冷凉山地环境，幼苗期喜半阴。

濒危原因 过度砍伐，天然更新能力很弱，导致种群数量减少是濒危的主要原因。

用　　途 重要的用材树种。株形优美，花姿清秀，芳香，适于园林绿化。

# 盖裂木

## **Talauma hodgsonii** Hook. f. et Thoms.

形态特征 常绿乔木，高达 15m。小枝苍白色。叶革质，倒卵状长圆形，长 20~30cm，宽 10~13cm，顶端钝或渐尖，基部渐狭楔形；托叶痕几达叶柄顶端。花单生枝顶，花梗粗壮，苞片紫色，芳香；花被片 9 片，厚肉质，外轮 3 片卵形，背面草绿色，内 2 轮乳白色。聚合果卵球形；蓇葖狭椭圆体形或卵球形。花期 5 月；果期 8 月。

地理分布 西藏及云南。印度、不丹、尼泊尔、泰国、缅甸。

生长环境 生于海拔 850~1 500m 的热带雨林和季雨林林中。

养护要点 播种繁殖或嫁接繁殖。喜光，要求温暖湿润环境，肥沃和排水良好的酸性土壤。

用　　途 枝叶繁茂，叶色浓绿，花大芳香，适合庭园绿化观赏。

木兰科 Magnoliaceae
中国特有种。
国家一级重点保护野生植物。
按 IUCN 和《中国物种红色名录》的标准为濒危种。

木兰科 Magnoliaceae
奇特植物。

# 焕镛木

## **Woonyoungia septentrionalis** (Dandy) Law

形态特征 常绿乔木，高达 18m。叶厚革质，椭圆状长圆形或倒卵状长圆形，长 8~15cm，宽 3.5~6cm，顶端钝圆或微凹，基部阔楔形。托叶痕达叶柄顶端。花单生于枝顶，单性，雌雄异株；雄花花被片通常 1 轮，花被片 3~4 片，白色，雄蕊多数；雌花花被片 2 轮，花被片 9~14 片，雌蕊群无柄。聚合果椭圆形；种子外种皮浅棕色。花期 5~6 月；果期 8~9 月。

地理分布 广西、贵州。

生长环境 生于海拔 300~500m 的石灰岩山地林中。

养护要点 种子、嫁接繁殖；本种适应性强，耐酷热和严寒。对土壤要求不严，适生于土层深厚、肥沃、排水良好砂质壤土。

濒危原因 过度砍伐，天然更新能力很弱，导致种群数量减少是濒危的主要原因。

用　　途 树干通直，材质优良，树形美丽，花大而色美，为珍贵的用材树种和庭园观赏树种。

# 观光木

## Tsoongiodendron odorum Chun

木兰科 Magnoliaceae
奇特植物。
国家二级重点保护野生植物（第二批，征求意见稿）。
按 IUCN 和《中国物种红色名录》的标准为易危种。

形态特征 常绿乔木，高达 30m。小枝、芽、叶柄、叶背面和花梗等被黄棕色毛。叶纸质，椭圆形或倒卵状椭圆形，长 7~17cm，宽 3.5~7cm，顶端尖或钝，基部楔形；托叶与叶柄合生。花单生叶腋，淡黄色，具红色斑点，芳香；花被片 9~10 片，外轮的最大，向内渐小；花丝红色，雌蕊柄粗短。聚合果长椭圆形，成熟时暗紫色；种子红色。花期 3~4 月；果期 9~11 月。

地理分布 云南、贵州、湖南、江西、福建、广东、广西。越南。

生长环境 生于海拔 500~1 000m 的热带到中亚热带南部山地阔叶林中。

养护要点 种子繁殖；采收聚合果，晾干后取出种子，除去红色外种皮，即采即播，保持土壤湿润，约 100 天出芽。苗期保持土壤湿润，适度遮阴。

濒危原因 过度砍伐，天然更新能力很弱，导致种群数量减少是濒危的主要原因。

用　　途 木材纹理直，易加工，干燥后少开裂，为家具、建筑、细木工等优良用材；枝叶茂密，花美丽芳香，适合庭园观赏或作行道树。

# 依兰

番荔枝科 Annonaceae
奇特植物。

## **Cananga odorata** (Lam.) Hook. f. et Thoms.

形态特征 常绿大乔木，高 10~20m。小枝密生小皮孔。叶膜质至薄纸质，卵状长圆形或长椭圆形，长 10~23cm，宽 4~11cm，顶端渐尖至急尖，基部圆形。花 2~5 朵簇生叶腋；花大，黄绿色，芳香，花瓣内、外轮近等大，线形或线状披针形。心皮多数。果近球形或卵圆形，黑色。花期 4~8 月；果期 10 月至翌年 3 月。
地理分布 原产于泰国、印度尼西亚、马来西亚等。我国广东、云南有栽培。
生长环境 生于热带雨林或季雨林林中。
养护要点 阳性树种，种子繁殖；种子熟后采收，播于砂质瓦盆内即可。喜阳光照射，不耐寒。喜高温多湿环境和肥沃、土层深厚的酸性土壤。
用　途 重要香料植物，有"世界香花之冠"的美誉，花经蒸馏所得香料是当今世界最名贵的天然高级香料。花药用，治头痛、眼炎、痛风等。

# 刺果番荔枝

## **Annona muricata** Linn.

番荔枝科 Annonaceae
奇特植物。

形态特征 常绿乔木，高达 8m，树皮粗糙。叶纸质至革质，倒卵状长圆形，顶端急尖或钝，基部宽楔形或近圆形。花淡黄色；萼片卵状椭圆形；内轮花瓣稍薄，卵状椭圆形，覆瓦状排列。果卵圆形，深绿色，幼时有下弯的刺，熟时刺脱落而残存小突体，果肉微酸多汁，白色；种子多数，肾形，棕黄色。花期 4~7 月；果期 7 月至翌年 3 月。
地理分布 原产美洲热带。我国云南、广东、福建有栽培。
生长环境 生于热带至南亚热带常绿阔叶林中。
养护要点 种子繁殖，果实充分成熟后采收，清洗果肉晾干种子即行播种。喜温暖、湿润环境，喜排水良好的、富含有机质的砂质壤土。
用　　途 热带水果。果实含 3 种阿扑菲生物碱，为抗抑郁活性成分，用于坏血病、赤痢等。根药用，有祛风活络、止痛之功效。

番荔枝科 Annonaceae
中国特有种。
国家二级重点保护野生植物。
按 IUCN 和《中国物种红色名录》的标准为易危种。

# 囊瓣木

## **Miliusa prolifica** (Chun et How) P. T. Li

形态特征 常绿乔木，高达 25m，树皮薄片状脱落。叶椭圆形或长椭圆形，长 4~13cm，宽 2~4cm，顶端急尖或渐尖，基部圆形，叶两面、叶柄被柔毛，下面尤密。花暗红色，主叶腋；萼片 3 片；花瓣 6 片，2 轮，内轮花瓣有 1 条明显的中脉，基部囊状，具短爪，外面暗红色，内面中央紫红色；雄蕊多数，心皮多数。果球形或近球形，直径 1~2cm，成熟时暗红色，内有 2~8 粒种子。花期 3~4 月；果期 7~8 月。
地理分布 海南及广东。
生长环境 生于海拔 500m 以下的山谷密林中石隙间潮湿处。
养护要点 和子寿命短，宜采后即播。喜潮湿、荫蔽环境，在土层深厚、疏松，腐殖质多而排水良好的土壤上生长良好。
濒危原因 过度砍伐，天然更新能力很弱，导致种群数量减少是濒危的主要原因。
用　　途 木材纹理通直，结构致密，为建筑、家具、农具等优质用材。

# 樟

## Cinnamomum camphora (Linn.) Presl.

樟科 Lauraceae
国家二级重点保护野生植物。

形态特征 常绿乔木，高 20~30m。单叶互生，薄革质，卵状椭圆形，长 5~8cm，离基 3 出脉，脉腋具腺体，揉之有香气。圆锥花序腋生，花被片 2 轮，淡黄绿色，雄蕊 3~4 轮，第四轮通常退化，花药瓣裂。核果球形，直径约 0.6cm，熟时紫黑色，果托盘状。花期 4~5 月；果期 8~11 月。

地理分布 我国长江流域以南及西南地区。日本、朝鲜及越南。

生长环境 生于亚热带海拔 500~600m 以下温暖湿润的低山平原。

养护要点 种子繁殖；10~11 月采种，洗去杂质晾干即播，或用湿润细砂层积越冬后春播。喜温暖湿润气候，幼树耐半阴，大树喜阳光。喜肥沃深厚的酸性或中性沙壤土。

濒危原因 过度砍伐，导致种群数量减少是主要原因。

用　　途 中国亚热带常绿阔叶树种的代表种，与楠、梓、桐合称为江南四大名木。木材含有特殊的香气和挥发油，耐湿、抗腐、祛虫，是家具、建筑、造船和雕刻等理想的用材。根茎、枝叶可提炼樟脑和樟脑油，叶可提制栲胶。优良的园林绿化的树种，用于庭园观赏或行道树。

# 天竺桂

## Cinnamomum japonicum Sieb.

樟科 Lauraceae
国家二级重点保护野生植物。
按 IUCN 和《中国物种红色名录》的标准为易危种。

形态特征 常绿乔木，高达 20m。叶革质，近对生或在枝条上部互生，卵状长椭圆形或长椭圆形，顶端渐尖，基部宽楔形或近圆形；离基 3 出脉。聚伞花序腋生，由 6~20 朵花组成伞形状；花淡黄色，萼片 6 片，宽椭圆形。浆果状核果椭圆形至椭圆状卵形，长约 1.3cm，果托浅杯状，熟时紫黑色。花期 4~5 月；果期 7~9 月。

地理分布 我国东部沿海岛屿及台湾。朝鲜、日本。

生长环境 生于海拔 200~240m 的常绿阔叶林中。

养护要点 种子繁殖；果实成熟时及时采收，脱去果皮，洗净晾干，湿沙层积贮藏，早春播种，种子发芽率达 80% ~90%。幼苗需适度遮阴。

濒危原因 过度砍伐，导致种群数量减少是濒危的主要原因。

用　　途 木材坚实致密，纹理通直，耐腐，耐水湿，是优良用材树种。

# 沉水樟

## **Cinnamomum micranthum** (Hayata) Hayata

樟科 Lauraceae

按 IUCN 和《中国物种红色名录》的标准为易危种。

形态特征 常绿乔木，高达 40m。冬芽大，密被灰褐绢状毛。叶互生，坚纸质或近革质，长圆形、椭圆形或卵状椭圆形，长 7~12cm，宽 4~6cm，顶端短渐尖，基部宽楔形至近圆形，网脉两面蜂窝状。圆锥花序顶生；花白色或浅紫色，花被钟形，上部 6 裂；能育雄蕊 9 枚，柱头头状。核果椭圆形或扁圆形，成熟时黑色，光亮；果托壶状至倒圆锥形。花期 7~8 月；果期 10 月。

地理分布 广东、广西、福建、江西、湖南、浙江、台湾。越南。

生长环境 生于海拔 100~900m 的亚热带山坡、山谷林内或溪边。

养护要点 种子、扦插繁殖；种子寿命短，秋季果熟后宜及时采收，清洗取出种子，在湿沙中层积越冬，翌春播种。

濒危原因 过度砍伐，导致种群数量减少是濒危的主要原因。

用　　途 全株可提取芳香油，为工业上的重要原料。

# 闽楠

## **Phoebe bournei** (Hemsl.) Yang

樟科 Lauraceae

中国特有种。

国家二级重点保护野生植物。

按 IUCN 和《中国物种红色名录》的标准为易危种。

形态特征 常绿乔木，高达 40m。树皮淡黄色。叶革质，披针形或倒披针形，长 7~13cm，宽 2~4cm，顶端渐尖或长渐尖，基部渐窄或楔形，下面被短柔毛；叶脉在下面呈明显的网格状。圆锥花序生于新枝中下部叶腋；花小，黄色，花被裂片卵形。果椭圆形或长圆形，长约 1.3cm，直径约 6.5mm，具宿存花被片。花期 4~5 月；果期 10~11 月。

地理分布 广东、广西、福建、江西、湖南、湖北、贵州、浙江等。

生长环境 生于海拔 200~1 000m 的中亚热带常绿阔叶林中。

养护要点 种子繁殖；采种后洗净晾干，种子失水后寿命很短，湿砂贮藏或随采随播。耐阴树种，在土层深厚、排水良好的砂质壤土上生长良好。

濒危原因 过度砍伐，导致种群数量减少是主要原因。

用　　途 树干高大通直，木材芳香耐久，纹理结构美观，为上等建筑、高级家具、雕刻工艺、造船等良材。

# 浙江楠

## **Phoebe chekiangensis** C. B. Shang

樟科 Lauraceae
中国特有种。
国家二级重点保护野生植物。
按 IUCN 和《中国物种红色名录》的标准为易危种。

形态特征　常绿乔木，高达 20m。小枝密被黄褐色或灰黑色柔毛。叶革质，倒卵状椭圆形或倒卵状披针形，长 8~13cm，宽 4~5cm，顶端短渐尖或长渐尖，基部楔形或宽楔形，下面被褐色柔毛；叶柄密被黄褐色柔毛。圆锥花序腋生，密被黄褐色柔毛；花被片卵形，子房卵圆形，柱头盘状。核果椭圆状卵圆形，熟时黑褐色，外被白粉，具宿存花被片。花期 5~6 月；果期 11 月。

地理分布　浙江、福建、江西。

生长环境　生于海拔 1 000m 以下的亚热带丘陵低山沟谷或林内。

养护要点　种子繁殖；采果后除去果皮，用草木灰搓洗种子表层油脂，晾干即播或湿沙贮藏。幼苗需遮阴，渐大后需适度的光照，注意防寒。

濒危原因　过度砍伐，导致种群数量减少是濒危的主要原因。

用　　途　木材坚韧，结构致密，具光泽和香气，优质用材树种；主干通直，枝叶繁茂，为优良园林绿化树种。

# 滇南风吹楠

## **Horsfieldia tetratepala** C. Y. Wu & W. T. Wang

形态特征　常绿乔木，高 12~25m。树皮灰白色。叶互生，薄革质，长圆形或倒卵状长圆形；长 20~35cm，宽 7~13cm，顶端渐尖，基部宽楔形。花单性，异株；雄花序圆锥状，着生于老枝叶腋；花小，橘红色，花被裂片 3 或 4 片，雄蕊 20 枚，合生成球形体。果椭圆形，长 4.5~5cm，外面光滑，基部偏斜下延，具宿存花被片，熟后 2 瓣裂；种子假种皮橙红色。花期 1~2 月；果期 4~6 月。

地理分布　云南。

生长环境　生于海拔 300~650m 沟谷雨林山坡上。

养护要点　种子繁殖；采种后带种壳即采即播，适当荫蔽和保持土壤湿度。苗期适度遮阴。

濒危原因　过度砍伐，导致种群数量减少是濒危的主要原因。

用　　途　种子含油量达 34.06%，为重要的工业油料。速生用材树种。

肉豆蔻科 Myristicaceae
中国特有种。
国家二级重点保护野生植物。
按 IUCN 和《中国物种红色名录》的标准为濒危种。

# 海南风吹楠

## Horsfieldia hainanensis Merr.

形态特征　常绿乔木，高 9~15m。叶坚纸质至近革质，长圆状卵圆形至长圆状披针形，长 15~30cm，宽 5~9cm，顶端短渐尖，基部楔形。花单性异株，雄花密集成团，花细小，排成总状花序式圆锥花序；雌花花被片 3~5 片。果通常单生，黄色，椭圆形，具宿存花被片；种子具肉质红色假种皮。花期 5~8 月；果期 7~11 月。

地理分布　海南及广西。

生长环境　生于海拔 400~750m 热带季雨林山谷或溪涧旁阴湿处。

养护要点　种子繁殖；种子易丧失活力，采种后宜带种壳即采即播，适当荫蔽和保持土壤湿度。苗期需适度遮阴。

濒危原因　过度砍伐，导致种群数量减少是濒危主要原因。

用　　途　种子含油量高，为重要的工业油料植物。

肉豆蔻科 Myristicaceae

中国特有种。

国家二级重点保护野生植物。

按 IUCN 和《中国物种红色名录》的标准为濒危种。

# 莼菜

## Brasenia schreberi J. F. Gmel.

形态特征　多年生浮叶型水生草本植物。具匍匐根茎，茎细长多分枝。根为须状，簇生于茎节处。叶片盾状椭圆形，互生，全缘，上面绿色，背面紫红色或绿色；叶脉呈放射状。花腋生，直径 1~2 cm，两性；萼片、花瓣各 3 枚，同为披针形，紫红色；花药线形；雌蕊 4~20 枚。坚果矩圆卵形，有喙。种子红褐色，椭圆形。花果期 5~11 月。

地理分布　江苏、浙江、江西、湖南、湖北、四川、云南等省区。亚洲、澳洲、非洲、北美。

生长环境　生于水质清洁、水流畅通的水域中。

养护要求　分株和扦插繁殖。喜光，适宜栽植于水质无污染，土质肥沃的环境。

用　　途　颇具特色的水面观叶植物。也是一种珍贵的水生蔬菜，并具有较高的药用价值。

莼菜科 Cabombaceae

国家一级重点保护野生植物。

按 IUCN 和《中国物种红色名录》的标准为易危种。

# 克鲁兹王莲

睡莲科 Nymphaeaceae
奇特植物。

## Victoria cruziana Orbign.

形态特征 多年生或一年生大型浮叶草本植物。根状茎直立，具发达的不定根，白色。初生叶呈针状，2~3片呈矛状，4~5片叶呈戟形，6~10片叶呈椭圆形至圆形，11片叶以后叶缘上翘呈盘状；叶面绿色，背面微带红色，具刺，叶脉为放射网状脉；叶直径1~2.5m；叶柄绿色，密被粗刺，叶梗长短随水位的深浅而形成。花单生，常伸出水面开放；花大而美；萼片4枚，卵状三角形，绿褐色，外面全被刺；花瓣多数，倒卵形，白色、淡红色至深红色；雄蕊多数，外部逐渐变为花瓣状而不育。浆果球形；种子圆形，黑色。花果期7~9月。

地理分布 原产南美热带，主产地在巴拉圭、阿根庭等国。

生长环境 生长在河流、池塘。

养护要求 种子繁殖。喜阳光，喜温暖气候，宜种植于水质澄清、土质肥沃的浅水水域。

用　　途 世界著名水生观赏植物。因它具有巨大似盘的叶片，浮力可承受20kg左右的小孩，以及它那娇容多变的花色和气味芬芳而闻名于世。

# 萍蓬草

## Nuphar pumila (Timm) DC.

形态特征 多年生水生草本，根茎粗壮。叶纸质，宽卵形或卵形，长6~17cm，宽6~12cm，顶端钝圆，基部具弯缺，心形，裂片远离，圆钝，上面亮绿，下面密生柔毛。花单生，花萼5片，花瓣状，金黄色；花瓣极小，雄蕊状；柱头淡黄色或红色。浆果卵形；种子黄褐色。花期7~8月；果熟期8~9月。

地理分布 我国东北、华北；现世界各国常见栽培。

生长环境 水生植物，喜温暖湿润、向阳环境。

养护要点 分株、播种繁殖。性喜深厚、肥沃的河泥土，适于池塘或花盆栽植，生长期要求充足肥料。

用　　途 通常与睡莲、荷花、水柳配植用于水体绿化；也可用作鱼缸水草。其根茎、果实供药用，有滋补强壮、调经之功效。

睡莲科 Nymphaeaceae
奇特植物。

# 金线吊乌龟

## Stephania cephalantha Hayata

防己科 Menispermaceae
奇特植物。

形态特征 多年生落叶藤本。块根肥厚，扁圆，三角状阔卵形至近圆形；小枝常紫红色。叶互生，纸质，三角状近圆形，长 2~6cm，宽稍大于长，下面粉白色；叶柄盾状着生。花单性，异株，雄花序为头状聚伞花序，雌花花瓣和萼片均3~5片，黄绿色。核果球形，成熟后紫红色。花期 6~7 月；果期 8~9 月。

地理分布 我国长江以南各省区。

生长环境 常生于村边、旷野的灌丛中或石灰岩隙缝阴湿处。

养护要点 种子繁殖。果实充分成熟后采收，搓去种皮晾干后即行播种，或用湿润细砂层积至翌年春播。喜排水良好，肥沃砂质壤土。生长季节需多浇水，落叶后置于遮阴处，保持适度干燥，防止块根腐烂。

用　　途 块根入药，有清热解毒、凉血止血、散瘀消肿之功效，可治急性肝炎、细菌性痢疾、急性阑尾炎、胃痛、内出血、跌打损伤、毒蛇咬伤等；外用治流行性腮腺炎、淋巴结炎、神经性皮炎。株形奇特，供观赏。

# 古山龙

## Arcangelisia gusanlung H. S. Lo

形态特征 木质大藤本，长可达 10m。心材鲜黄色。叶具长柄，革质，阔卵形至阔卵状近圆形，长 8~13cm，宽 6~9.5cm，基部掌状脉 5 条。花单性，排成圆锥花序，穗状；雄花花被片 9 片，外面 3 片较小，内面 3 片花瓣状；雌花有极短的退化雄蕊；心皮 3 枚。核果近球形，稍扁，成熟后黑色；外果皮肉质，内果皮骨质，外面有窝孔状皱纹，通常被锈色长毛。花期夏初；果期秋季。

地理分布 海南。

生长环境 生于热带常绿阔叶林中。

养护要点 种子繁殖。喜高温高湿环境，适生于排水良好、富含有机质的肥沃的砂质壤土。

用　　途 茎和根含小檗碱和非洲防己碱，有小毒，海南民间用根皮煎汁治疟疾。

防己科 Menispermaceae
中国特有种。
国家二级重点保护野生植物。
按 IUCN 和《中国物种红色名录》的标准为易危种。

# 血散薯

防己科 Menispermaceae
奇特植物。

## Stephania dielsiana Y. C. Wu

形态特征 多年生草质藤本，长 2~3m；块根肥大，常裸露于地面。茎常紫红色，枝、叶折断有红色液汁流出，又称“一滴血”。叶盾状着生，阔三角状卵形，长、宽均为 6~12cm，顶端有小突尖，基部平截或近圆形。伞形状聚伞花序腋生，单性异株；雄花序复伞状，花萼紫色，花瓣贝壳状；雌花序头状，萼片 1 片，花瓣 2 片。核果球形，成熟后紫红色。花期 5~7 月；果期 7~9 月。
地理分布 广东、广西、湖南、贵州等省区。
生长环境 生于山谷、溪边、林中、石缝及峭壁上。
养护要点 种子繁殖。果实充分成熟后采收，搓去种皮杂质晾干后即行播种，或用湿润细砂层积至翌年春播。在排水良好，肥沃的砂质壤土生长良好。生长季节需多浇水，休眠期保持适度干燥，以防肉质块根腐烂。
用　途 华南地区常用中草药，块根是提取颅通定 (Rotundine) 的原料，药用活血散瘀，消肿止痛，治疮痈肿毒、跌打、蛇伤等。

# 唐印

景天科 Crassulaceae
奇特植物。

## Kalanchoe thyrsiflora Harv.

形态特征 多年生肉质植物，高 60~100cm，多分枝。叶对生，排列紧密，叶片倒卵形，长 10~15cm，宽 5~7cm，全缘，顶端钝圆，叶色淡绿或黄绿，被有浓厚的白粉，在冷凉季节，阳光充足的条件下，叶片的大部分都呈鲜红色。花小，筒形，黄色。
地理分布 原产南非，我国华南地区有栽培。
生长环境 生于阳光充足和凉爽、干燥的环境。
养护要点 扦插繁殖，可用茎插、叶插或芽插。耐半阴和干旱，忌水涝。南方凉爽的春、秋季节为主要生长期；夏季高温时植株生长缓慢或完全停滞，宜保持良好的通风，不要浇太多水。冬季给予充足光照，保持盆土适度干燥，能耐 3℃低温。
用　途 多肉植物中的观叶佳品，株形美丽，叶片硕大，色彩鲜艳，适合盆栽观赏，布置客厅、书房等。

# 鸡爪三七

景天科 Crassulaceae
奇特植物。

## **Kalanchoe laciniata** (Linn.) DC.

形态特征 多年生肉质草本，高 20~100cm。全株蓝绿色，老时变红。叶对生，肉质肥厚，形似鸡爪，基生叶三角状卵形或长圆状倒卵形，中部叶羽状深裂，条形或条状披针形，边缘有浅锯齿或浅裂，顶生叶披针形。聚伞花序圆锥状或伞房状，顶生；苞片线形；萼片 4 深裂；花冠高脚碟状，黄色或橙红色，花冠管伸出花萼外；雄蕊 8 枚，2 轮；心皮 4 枚。果长圆形，种子多数。花期 3 月。

地理分布 福建、台湾、广东、广西、云南等省区有栽培。

生长环境 生于温暖湿润环境。

养护要点 扦插繁殖。取带腋芽的枝条插于盛有潮湿细砂的盆内，极易生根。在湿润、肥沃而排水良好的砂质壤土上生长良好。

用　　途 全草药用，散瘀去积，行气止痛；外用消肿止痛，治跌打损伤、扭伤、外伤出血、咽喉炎、烫伤、湿疹、痈疮肿毒、毒蛇咬伤等。株形奇特，供观赏。

# 花蔓草

番杏科 Ficoidaceae
奇特植物

## Aptenia cordifolia (Linn. f.) Schw.

形态特征　多年生常绿肉质草本，株高 10~15cm。枝条有棱角，伸长后呈半匍匐状。叶对生，肉质肥厚、鲜亮青翠。花自枝条顶端开出，深玫瑰红色至绯红色，中部浅黄，形似菊花，花瓣狭小，具有光泽，花期长，自春至秋次第开放。

地理分布　原产南非，世界各地有栽培。

生长环境　生于阳光充足、干燥、通风环境。

养护要点　扦插、分株繁殖。喜凉爽通风及半阴环境，忌高温多湿与强光直射。生长适温 15~25℃，栽培土质以排水良好、疏松肥沃的砂质壤土为佳。

用　　途　枝叶浓密，生长迅速，花期长，适于悬垂吊盆栽培观赏，挂于阳台或室内向阳处。

番杏科 Ficoidaceae
奇特植物

# 鹿角海棠

## Astridia velutina (L. Bolus) Dinter

形态特征　肉质常绿灌木，高约 30cm。分枝有节，多呈匍匐状。叶片交互对生，肉质，3 棱状，长 2~3.5cm。花梗短，1 至数朵生于枝顶，直径约 4cm；花瓣粉红色，中心白色，有的全为白色。冬至春季开花。

地理分布　原产南非干旱地区。

生长环境　生于温暖干燥和阳光充足环境。

养护要点　播种、扦插繁殖。不耐寒，忌高温，要求肥沃、疏松的沙壤土。越冬温度不低于 15℃。南方栽培时，春季多在地面喷水，保持盆土不干燥；夏季休眠期置于半阴处，保持盆土适度干燥；入秋开始继续生长，每半个月施肥 1 次；入冬生长旺盛期保持室温在 15~20℃，可开花不断。

用　　途　植株袖珍，叶形奇特，花色淡雅，适用于冬季盆栽观赏，或吊盆悬挂观赏。

# 珊瑚藤

## **Antigonon leptopus** Hook. et Arn.

蓼科 Polygonaceae

奇特植物。

形态特征　落叶或半常绿的草质藤本，长达 10m；地下块根肥厚；茎有棱和卷须。叶互生，卵形或卵状三角形，基部心形，长 6~12cm，宽 4~9cm，叶面有突起的网纹。总状花序顶生或腋生，花序轴基部延伸变成卷须；花密集成串，5 枚萼片桃红色，外侧 3 片较大，内侧 2 片较小，非常美丽。坚果卵圆形。有重瓣园艺品种。花期 3~12 月。

地理分布　原产于墨西哥及中美洲。

生长环境　生于温暖湿润的向阳环境。

养护要点　种子、扦插繁殖，在阳光充足的环境下，排水良好、肥沃的酸性砂质壤土生长良好；在南方，种子撒落地面可自然成苗。

用　　途　有“蔓藤植物之后”的美誉，花色粉红娇嫩，晶莹剔透，且具微香，初夏到秋末持续开花，繁花似锦，花期长达半年以上，适于花廊、花架及花棚等垂直绿化观赏。

# 土沉香

## **Aquilaria sinensis** (Lour.) Spreng.

形态特征　常绿乔木，高 6~20m。小枝红褐色，幼时疏被柔毛。叶近革质，椭圆形、卵形或倒卵形，长 5~10cm，宽 2~5cm。伞形花序顶生或腋生；花芳香；花萼浅钟状，5 裂；花瓣 10 枚，鳞片状，着生于萼管的喉部；雄蕊 10 片；子房 2 室，每室 1 枚胚珠。蒴果倒卵圆形，木质，顶端具短尖头，熟时 2 瓣裂；种子基部有长约 2cm 的尾状附属物。花期 3~5 月；果期 9~10 月。

地理分布　广东、海南、广西、云南。

生长环境　生于海拔 400m 以下热带至南亚热带常绿阔叶林中。

养护要点　种子繁殖，采摘成熟果实，晾干后即播种；一般 15~30 天发芽，幼苗期需适度遮阴。喜土层厚、腐殖质多的湿润而疏松的砖红壤或山地黄壤。成长后需阳光充足，在排水良好的微酸性砂质壤土生长良好。

濒危原因　过度砍伐采挖，是造成种群数量减少的主要原因。

用　　途　药用。沉香是本种树干损伤后被真菌侵入寄生，在菌体内酶的作用下，使木薄壁细胞贮存的淀粉产生一系列变化，最后形成香脂，经多年沉积而得。

瑞香科 Thymelaeaceae

中国特有种。

国家二级重点保护野生植物。

按 IUCN 和《中国物种红色名录》的标准为易危种。

# 调羹树

山龙眼科 Proteaceae
奇特植物。

## **Heliciopsis lobata** (Merr.) Sleumer

形态特征 常绿乔木，高 15~20m。叶革质，二形，全缘叶长圆形；分裂叶椭圆形，长 20~60cm，宽 20~40cm，通常具 2~8 对羽状深裂片，有时为 3 裂叶。花序腋生，花单性；雄花花被管淡黄色，被疏毛，具腺体 4 枚；雌花花被管长被疏毛，具腺体 4 枚，子房卵状，花柱顶部增粗。果扁椭圆形或卵状椭圆形，黄绿色；外果皮革质，中果皮肉质，内果皮木质。花期 5~7 月；果期 11~12 月。

地理分布 云南。马来西亚。

生长环境 生于常绿阔叶林林中。

养护要点 种子繁殖。在排水良好、富含有机质的砂质壤土生长良好，苗期适度遮阴，忌积水。

用　　途 药用清热解毒，抗癌。叶形奇特，终年常绿，用于庭园观赏。

# 大花第伦桃

## **Dillenia turbinata** Finet et Gagnep.

形态特征 常绿乔木，高达 30m。叶革质，倒卵形或长倒卵形，长 12~30cm，宽 7~14cm，顶端圆形或钝，基部楔形；叶边缘有锯齿；叶柄有窄翅。总状花序生枝顶，有花 3~5 朵；花大，直径 10~15cm，有香气；萼片厚肉质；花瓣 5 片，膜质，倒卵形，鲜黄色；雄蕊多数，排成 2 轮；心皮 8~9 枚，每个心皮有胚珠多枚。果实近球形，熟时暗红色；种子倒卵形。花期 4~5 月；果期 6~8 月。

地理分布 海南、广西、云南。越南。

生长环境 生于低海拔至中海拔的山地林中。

养护要点 种子繁殖。果熟后及时采收，清洗除去杂质，用细砂搓洗种皮表层蜡质即行播种，保持温湿环境，30 天可出芽。苗期需半阴。

用　　途 叶药用，润肺、止咳、利尿，用于肺热咳嗽、水肿。树形优美，枝叶繁茂，花色艳黄，为优良的园林绿化树种。

第伦桃科 Dilleniaceae
奇特植物。

# 海南大风子

## Hydnocarpus hainanensis (Merr.) Sleum.

大风子科 Flacourtiaceae
国家二级重点保护野生植物。
按 IUCN 和《中国物种红色名录》的标准为易危种。

形态特征 常绿乔木，高达 15m。叶薄革质，长圆形，长 9~13cm，宽 3~6cm，顶端短急尖，基部楔形，全缘或具浅波状锯齿。花雌雄异株，总状花序腋生；雄花密集，萼片 4 片，花瓣 4 片，雄蕊多数；雌花的花被较雄花略大，具退化雄蕊，柱头 3 枚，顶端 2 浅裂，子房密生黄色茸毛，1 室，胚珠多数。浆果球形，直径 4~6cm，果皮革质，密被黑褐色茸毛；种子多数。

地理分布 海南、广西。越南。广东有栽培。

生长环境 生于海拔 500m 以下的热带至南亚热带季雨林低山丘陵地区。

养护要点 种子繁殖。果实成熟时采收，取出种子晾干，用湿沙贮藏至次年春播种。苗期必须遮阴。

濒危原因 因生长在低海拔的山区外围，人为活动频繁，生境受到严重破坏，更新不良，天然资源日趋枯竭是濒危的主要原因。

用　　途 种子药用，治麻风病、牛皮癣、风湿等。木材结构致密，材质坚硬而重，耐磨、耐腐，为海南的优良用材。

# 鸡蛋果

## **Passiflora edulis** Sims

西番莲科 Passifloraceae
奇特植物

形态特征 常绿草质藤本。叶纸质，长 6~13cm，宽 8~14cm，基部楔形或心形，掌状 3 深裂，中间裂片卵形，两侧裂片长卵圆形，边缘有细锯齿，叶柄上端有 1~2 个杯状小腺体。聚伞花序退化仅存 1 花，花芳香，花瓣 5 片，白色带淡紫，副花冠的丝状体排成 3 轮，基部淡绿色，中部白紫色，顶部白色。雄蕊 5 枚；花柱 3 枚。浆果卵球形，熟时紫色。花期 6 月；果期 11 月。

地理分布 原产巴西。热带、亚热带地区广泛栽培。

生长环境 生于气候温暖、阳光充足、土壤肥沃、排水良好的环境。

养护要点 播种、扦插繁殖。果实成熟时采收，取出种子放在通风阴凉处晾干后贮藏，待次年春季转暖时播种。暖热地区即采即播。忌寒冷，畏水浸，越冬温度保持在 10℃以上。

用　　途 花大色艳，结果累累，供立体绿化观赏；果实含多种维生素和蛋白质，风味独特，甘酸适宜，色泽鲜黄，供食用或制成饮品。

# 蛇王藤

## **Passiflora moluccana** Reiw. ex Blume var. **teysmanniana** (Miq.) de Wilde

形态特征 草质藤本植物，具腋生卷须。叶对生或近对生，革质，长圆形，长 6~14cm，宽 2~6cm，顶端圆形或微缺，基部圆形；叶柄上端有腺体 2 个。聚伞花序仅有 1~2 朵花，花两性，白色；萼片 5 片，花瓣 5 片，副花冠由许多丝状裂片组成，青紫色或黄色；雄蕊 5 枚；子房密被柔毛，花柱 3 枚。浆果近球形，直径 1.2~2cm，粉绿色；种子扁平，有小窝孔。花期 1~4 月。

地理分布 香港、海南、广西。老挝、越南、马来西亚。

生长环境 生于山坡、丘陵的灌木丛中或山谷林中。

养护要点 播种或扦插繁殖。果实转黑时采收，清洗去除杂质并晾干种子，即采即播或于湿润细砂中层积至次年春播种。在温暖湿润和排水良好环境生长良好。攀缘植物，栽培时需要设置棚架或其他支撑物。

用　　途 全草药用治蛇毒、疥疮等。

西番莲科 Passifloraceae
奇特植物

# 绞股蓝

葫芦科 Cucurbitaceae

国家二级重点保护野生植物

## Gynostemma pentaphyllum (Thunb.) Makino

形态特征 多年生攀缘草本，卷须 2 叉分枝。鸟足状复叶具小叶 3~7 片，小叶卵圆形，顶端渐尖，基部半圆形或楔形，边缘有锯齿。圆锥花序腋生，花单性，雌雄异株；花小，黄绿色；花萼 5 裂；花冠 5 裂；雄花雄蕊 5 枚；雌花子房花柱 3 枚，柱头 2 裂。浆果球形，成熟时紫黑色；种子阔卵形，深褐色，表面有乳状突起。花期 6~8 月；果期 8~10 月。

地理分布 安徽、浙江、江西、福建、广东、贵州等地。现各地多有栽培。

生长环境 生于海拔 300~3 200m 的山地林下或山谷阴湿处。

养护要点 扦插或种子繁殖。果熟后采收并取出种子，置于溪流中解除休眠即可播种，或冷藏至次年春播种。喜阴湿环境，烈日直射。

用　　途 有“南方人参”之美誉，含多种对人体有益的皂甙、维生素和氨基酸，具有降血脂、降血糖、抗肿瘤、抗衰老、增强免疫能力等作用，对高血脂、高血压、冠心病、糖尿病、肿瘤等病症具有良好的防治效果。

葫芦科 Cucurbitaceae

奇特植物

# 油渣果

## Hodgsonia macrocarpa (Blume) Cogn.

形态特征 大型木质藤本，具棱，有卷须。叶革质，阔卵形至近圆形；花单性，雌雄异株，雄花为伞房状总状花序，雌花单生；雌花花萼管状，5 裂；花冠 5 深裂，裂片细裂如丝；雄花雄蕊 3 枚；子房下位。果大，扁球形，直径可达 20cm，内含 6~8 粒复合种子。春秋两季开花；果期 8~9 月或翌年 3~4 月。

地理分布 广东、广西、云南等地。亚洲的热带地区。

生长环境 生长在海拔 1 600m 以下的沟谷两旁和台地疏林中。

养护要点 播种、压条或扦插繁殖。采果后取出种子即播，20 天可发芽 扦插在春、秋季进行。压条在夏、秋季进行；喜高温、高湿、半阴环境和微酸性土壤。

用　　途 种子含油量高，种子油具有猪油的香味，又称“猪油果”，供食用；入药治疗毒疮。

# 木鳖子

葫芦科 Cucurbitaceae
奇特植物。

## Momordica cochinchinensis (Lour.) Spreng.

形态特征 多年生草质藤本，有块根。卷须单一，与叶对生。叶卵形至阔卵形，长 7~14cm，3~5 深裂。叶柄顶端两侧各有 1 片腺体。花单性，雌雄异株，单生于叶腋，具 1 枚黄绿色大型苞片；雄花花萼黑褐色，有黄白色斑点，花冠奶黄色；雌花无花冠。瓠果长椭圆形，长 9~15cm，熟时红色，有肉质软刺；种子扁圆形，龟板状，灰棕色。花期 5~9 月；果期 9~11 月。
地理分布 广东、广西、贵州、云南。越南、老挝、泰国、缅甸、马来西亚、印度尼西亚等。
生长环境 生于土层深厚的山地疏林和灌木林中。
养护要点 种子繁殖。一般 4~5 月播种，约 10 天可以发芽。喜温暖和阳光充足环境。植株渐大后，设棚架让其缠绕。
用　　途 美丽的观果植物，用于垂直绿化观赏；种子入药，有散结消肿，攻毒疗疮的功能。

# 掌叶秋海棠

秋海棠科 Begoniaceae
奇特植物。

## Begonia hemsleyana Hook. f.

形态特征 多年生草本，块茎纺缍形，肉质，簇生。茎直立，簇生，稍分枝，肉质，粉红色。叶圆形，3~5 片，掌状全裂，小叶 7~10 片，有短柄，披针形，基部楔形，边缘有不规则的疏锯齿，绿色。花序腋生，有 2~4 朵花，粉红色。蒴果具翅，其中一翅特大，长三角形。花期 12 月；果期 6 月。
地理分布 四川、贵州。
生长环境 生于常绿阔叶林密林下山谷、溪边阴湿处。
养护要点 播种、扦插繁殖。性喜温暖湿润、冬暖夏凉的环境，在湿润、半阴环境和排水良好微酸性土壤下生长良好，忌高温、干旱、积水和直射阳光。
用　　途 株形优美，茎枝微红，叶色清秀，适合室内盆栽观赏或装点走廊、台阶、门厅，颇为美观优雅。

# 四数木

## **Tetrameles nudiflora** R. Br.

形态特征 落叶大乔木，高 25~45m。具明显而巨大的板状根；树皮粗糙，灰白色；叶互生，宽卵形或近圆形，纸质，边缘有锯齿，两面有稀疏短柔毛，掌状脉。花单性，雌雄异株，4 基数，无花瓣；雄花序圆锥状；雌花序通常穗状，着生于小枝近顶部。蒴果球形或卵球形，成熟时黄褐色；种子细小，多数。花期 3~4 月；果期 4~5 月。
地理分布 云南。亚洲热带地区。
生长环境 生于海拔 500~1 000m 的石灰岩山地雨林中。
养护要点 播种繁殖。喜阳光充足、湿度大的环境和排水良好、肥沃且富含有机质的土壤。
濒危原因 过度砍伐，天然更新能力差，是导致种群数量减少的主要原因。
用　　途 单种属植物，有重要科研价值。树干能提供大径级木材，是制舢板的理想用材。

四数木科 Datiscaceae
国家二级重点保护野生植物。
按 IUCN 和《中国物种红色名录》的标准为濒危种。

# 白刺金琥

## Echinocactus grusonii Hildm. var. albispinus Y. Ito

形态特征　肉质茎球状植物。浑身碧绿的球体上密被白色半透明硬刺，球体顶部密生淡黄色绒毛。花着生于茎顶的绵毛丛中，金黄色，钟状，花径 3~4cm；果被鳞片及绵毛；种子黑色，光滑。花期 4~11 月。

地理分布　原产墨西哥沙漠地区。我国南北地区均有栽培。

生长环境　生于阳光充足环境在肥沃、透水性好的沙壤土中生长。

养护要点　播种、嫁接繁殖。播种一般 5~9 月进行，发芽后的幼苗球体移栽或嫁接于量天尺砧木上。夏季高温季节应适当遮阴，冬季越冬温度保持 8~10℃以上，并保持盆土干燥。

用　　途　高档多浆观赏植物，株形洁净无瑕，有较高的观赏价值。

仙人掌科 Cactaceae
奇特植物。

# 狂刺金琥

## Echinocactus grusonii Hildm. var. intentextus Y. Ito

形态特征　肉质茎球状植物。球体深绿，密生黄色硬刺，刺呈不规则弯曲，中刺较原种宽大，颇具特色。球顶部密生金黄色的绵毛；花金黄色，钟状，顶生于绵毛丛中，花直径 3~4cm，非常美丽；果被鳞片及绵毛；种子黑色光滑。

地理分布　原产墨西哥沙漠地区。我国南北地区均有栽培。

生长环境　生于阳光充足环境在肥沃、透水性好的沙壤土中生长。

养护要点　播种、嫁接繁殖。播种一般 5~9 月进行，发芽后的幼苗球体移栽或嫁接于量天尺砧木上。夏季高温季节应适当遮阴，冬季越冬温度保持 8~10℃以上，并保持盆土干燥。

用　　途　金琥的主要变种之一，具有较高的观赏价值。

仙人掌科 Cactaceae
奇特植物。

# 裸琥

仙人掌科 Cactaceae
奇特植物

## **Echinocactus grusonii** Hildm. var. **subinermis** Y. Ito

形态特征 肉质茎球状植物。刺极短，隐藏在刺座的绒毛内。球体肉质坚硬，生长慢。花顶生于绵毛丛中，金黄色，钟状，直径 3~4cm，非常美丽；果被鳞片及绵毛；种子黑色光滑。花期春、夏季。
地理分布 原产墨西哥沙漠地区。我国南北地区均有引种栽培。
生长环境 生于阳光充足环境在肥沃、透水性好的沙壤土中生长。
养护要点 播种、嫁接繁殖。播种在 5~9 月进行，发芽后的幼苗球体移栽或嫁接在量天尺砧木上。在土壤肥沃、空气流通的良好环境下生长良好。夏季高温季节应适当遮阴，冬季越冬温度保持 8~10℃以上，并保持盆土干燥。
用　　途 金琥的主要变种之一，具有较高的观赏价值。

# 海南红楣

## **Anneslea fragrans** Wall. var. **hainanensis** Kobuski

形态特征 常绿小乔木。树皮深褐色，嫩枝浅灰色或灰褐色。叶革质，近长椭圆形，长 8~15cm，宽 3~6cm，顶端钝尖，中脉上面明显下凹。花顶生或腋生；苞片 2 片，卵圆形或三角形，边缘具腺点；萼片 5 片，淡红色，阔卵圆形，顶端近圆形，长 1.3cm；花瓣 5 片，淡红色，基部合生，裂片阔卵形，长 1.2~1.5cm，顶端锐尖，基部稍窄；雄蕊多数。果实浆果状，长圆形，长 1.5~2cm，直径约 1.5cm，红黄色。花期 11~12 月；果期 7~8 月。
地理分布 海南和广西。
生长环境 多生于海拔 600~800m 的山地常绿阔叶林沟谷或灌木丛中。
养护要点 要求阳光充足，立地条件较好且不积水的山坡地。
用　　途 株形优美，花色红艳，用于园林绿化。

山茶科 Theaceae
奇特植物

# 越南抱茎茶

山茶科 Theaceae
奇特花卉

## Camellia amplexicaulis (Pit.) Cohen Stuart

形态特征　常绿小乔木，高约 6m。嫩枝绿色，圆柱形，光滑。嫩叶紫红色，叶互生，厚革质，长椭圆形，长 16~20cm，宽 7~10cm，顶端钝尖，基部心形，上面深绿色，干后黄绿色，下面绿色，无毛；侧脉 11~15 对，上面下凹，下面突起，中脉两面突起；边缘有细锯齿。叶柄短，无毛。花红色，单生于枝顶和叶腋，花柄无毛；苞片 2 片，早落；萼片 5 瓣，近圆形，绿褐色；花瓣 10~15 片，卵圆形，顶端圆形，边缘较薄，色浅。蒴果扁球形。花期：1~3 月。

地理分布　原产越南。我国华南地区有栽培。

生长环境　生于常绿林中。

养护要点　种子、嫁接繁殖。幼苗须在阴凉环境中培育，喜好阳光，在酸性砖红壤生长良好，在 4~5 月可进行修剪树形。

用　　途　园林观赏。

# 杜鹃红山茶

## Camellia azalea C. F. Wei

山茶科 Theaceae
中国特有种。
据 IUCN 和《中国物种红色名录》的标准为极危种。

形态特征 常绿灌木，高 0.8~2.5m。叶片倒卵形至长倒卵形，革质，苍绿色或带白霜，基部楔形，边缘稍外卷，全缘。花近顶生，直径约 8~12cm，粉红色。花瓣 6~9 枚，近离生，倒卵形或长倒卵形，基部渐狭，先端通常微凹；雄蕊 4 轮。子房卵球形，无毛；花柱长约 3.5cm，无毛。蒴果卵球形。花期 3~12 月。
地理分布 特产广东省阳春市鹅凰嶂省级自然保护区红花潭保护站。
生长环境 生于海拔 150~250m 的山谷河岸中。
养护要求 栽培需用疏松肥沃的砂质壤土或沙质腐殖质土，要求排水良好。
濒危原因 生境片段化及过度采挖。
用　　途 杜鹃红山茶是因其叶形酷似杜鹃而得名，花色鲜艳，几乎全年都可开花，观赏价值极高，是山茶属植物中的珍品。

# 红皮糙果茶

## **Camellia crapnelliana** Tutcher

山茶科 Theaceae
中国特有种。
按 IUCN 和《中国物种红色名录》的标准为易危种。

形态特征 小乔木，高 5~7m。树支黄褐色，嫩枝光滑。叶硬革质，倒卵状椭圆形至椭圆形，顶端短尖，基部楔形，上面深绿色，下面灰绿色，无毛，侧脉下面明显突起，边缘有细齿。花顶生，近无柄；苞片 3 片，紧贴花萼；花萼 5 片，倒卵形，外侧被茸毛，脱落；花冠白色，花瓣 6~8 片，倒卵形，最外侧 1~2 片近离生，基部稍厚，革质，背面有毛；蒴果球形，干后多孔隙。花期 10~12 月；果期翌年 8~9 月。

地理分布 香港、广西、福建、江西及浙江。

生长环境 生于海拔 150~200m 的常绿阔叶林中。

养护要点 种子繁殖。喜阳光，在酸性砖红壤生长良好，在 12 月至翌年 1 月可进行修剪树形。

用　　途 园林绿化；种子可榨油。

# 普洱茶

## Camellia assamica (Mast.) H. T. Chang

山茶科 Theceae
国家二级重点保护野生植物。
按 IUCN 和《中国物种红色名录》的标准为易危种。

形态特征 常绿大乔木。嫩枝、叶和顶芽均被柔毛。叶互生，革质，长卵圆形，长 8~14cm，宽 3.5~7.5cm，顶端急尖或渐尖，基部楔形或圆形，上面深绿色，光滑，下面浅绿色，中肋上有柔毛，老叶变秃，中脉上面下凹，在下面突起，边缘有细锯齿，叶柄被柔毛。花腋生，直径约 3cm，花柄被柔毛。萼片 5 片，近圆形，外面无面；花瓣洁白色，有香味，6~7 片，倒卵圆形，无毛。蒴果不规则球形，直径约 2cm，3 瓣开裂；种子近球形，直径约 1 cm。花期 9~11 月；果期 6~7 月。

地理分布 云南、贵州和华南地区。越南、泰国、印度和缅甸。

生长环境 生于高温潮湿的深山老林中。

养护要点 种子繁殖。喜阳树种，在肥沃湿润的微酸性土壤生长良好。

用　　途 饮用茶的来源之一。栽培种繁多。

# 显脉金花茶

## Camellia euphlebia Merr. ex Sealy

山茶科 Theaceae
中国特有种。
国家一级重点保护野生植物。
按 IUCN 和《中国物种红色名录》的标准为濒危种。

形态特征 常绿小乔木，高约 4m。树皮浅褐色；幼枝褐色，无毛。幼叶红紫色；叶互生，革质，长椭圆形，顶端短凸尖，基部半球形，上面亮绿色，下面浅绿色，具黑腺点；侧脉非常明显；叶柄具纵沟。花腋生，稀簇生，深黄色，蜡质光亮；花蕾卵球形；萼片 5 片，近圆形，宿存，被毛；花瓣 7~9 片，近圆形，顶端被浅灰色柔毛；雄蕊多数。蒴果近扁球形，顶端凹陷；种子近球形，具棱，褐色，无毛。花期：11 月至翌年 2 月。果期 8~9 月。

地理分布 广西。

生长环境 生于海拔 150~480m 的山谷溪边常绿阔叶林中。

养护要点 种子繁殖。喜好阳光，在酸性砖红壤生长良好，在 1~2 月可修剪树形。

用　　途 园林绿化；种子可榨油。

# 防城茶

## Camellia fangchengensis S. Y. Liang et Y. C. Zheng

山茶科 Theaceae
中国特有种。
国家二级重点保护野生植物（第二批，征求意见稿）。
按 IUCN 和《中国物种红色名录》的标准为极危种。

形态特征　常绿小乔木，高 3~5m。顶芽和嫩枝被褐色茸毛。叶薄革质，椭圆形，顶端短尖，基部近圆形，上面深绿色，下面浅绿色，密被柔毛，侧脉两面均突起，边缘有细锯齿；叶柄被柔毛。花白色，单生于叶腋，花柄被柔毛；有 2 片苞片，早落；花萼 5 片，近圆形，被灰褐色柔毛；花瓣 5，卵圆形，顶端圆形，基部稍合生，外面被柔毛。蒴果三角状扁球形。花期 11 月至翌年 2 月。
地理分布　广西。
生长环境　生于海拔 320m 山谷次生林中。
养护要点　种子繁殖。喜好阳光，在酸性砖红壤生长良好，在 12 月至翌年 1 月可修剪树形。
用　　途　园林绿化；种子可榨油。

# 大苞白山茶

## Camellia granthamiana Sealy

形态特征　乔木，高 8m。嫩枝无毛，或略有微毛，很快变秃。叶革质，椭圆形或长椭圆形，顶端急渐尖，基部圆形或钝，上面干后暗绿色，稍发亮，无毛，下面黄褐色，无毛，侧脉叶面陷下，在叶背突起，边缘有锯齿。花白色，顶生，无花柄；苞片和萼片均为 12 片，宿存，圆形，革质，被短毛；花瓣 8~10 片，卵圆形，无毛。蒴果近球形，为宿存萼片和苞片包裹；种子近圆形。果期 10~11 月。
地理分布　广东和香港。
生长环境　生于丘陵山地林缘和沟谷林中。
养护要点　种子繁殖。喜好阳光，在立地条件较好的腐殖质壤土中生长良好。
用　　途　园林绿化植物；种子可榨油。

山茶科 Theaceae
中国特有种。
国家二级重点保护野生植物。
按 IUCN 和《中国物种红色名录》的标准为濒危种。

# 淡黄金花茶

## Camellia flavida H. T. Chang

山茶科 Theaceae
中国特有种。
国家二级重点保护野生植物。
按 IUCN 和《中国物种红色名录》的标准为濒危种。

形态特征 常绿灌木。小枝纤细，无毛。叶倒卵形，较大，下面具有黑色小腺点；中脉和侧脉在叶下明显突起；叶柄上面稍有纵沟。花单生于叶腋；苞片小，半圆形，外面常被粉末状小柔毛，边缘有小睫毛；萼片 5 片，近圆形，上面被粉末状小柔毛，边缘有小睫毛；花瓣 8 片，黄色。蒴果三角状扁球形或孖球状，果小，果皮近海绵质；种子表面无毛。花期 8~9 月。

地理分布 广西。

生长环境 生于岩溶杂木林中。

养护要点 种子繁殖。不甚喜阳，在肥沃湿润的酸性土壤生长良好，在 2~3 月可修剪树形。

用　　途 园林绿化。

山茶科 Theaceae
中国特有种。
国家一级重点保护野生植物。
按 IUCN 和《中国物种红色名录》的标准为极危种。

# 凹脉金花茶

## Camellia impressinervis H. T. Chang et S. Y. Liang

形态特征 常绿灌木，高 3m。幼枝紫红色，被短粗毛；老枝无毛。叶革质，椭圆形或长椭圆形，顶端急尖，基部阔楔形或窄而圆，上面深绿色，有光泽，下面绿色，被柔毛，具黑色腺点；上面叶脉明显下凹，下面叶脉突起；边缘具细锯齿；叶柄上面有沟，下面被毛。花顶生或腋生，少 2 朵簇生，花淡黄色，花梗粗大，无毛；萼片 5，近圆形至圆形，无毛；花瓣 12 片，浅黄色；雄蕊离生，无毛。蒴果扁球形或双球形；种子球形。

地理分布 广西。

生长环境 生于海拔 130~480m 石灰岩山地常绿阔叶林中。

养护要点 种子繁殖。不甚喜阳，在酸性砖红壤生长良好，在 2~3 月可进行修剪树形。可以在 2~3 月进行嫁接繁殖。

用　　途 园林绿化；种子可榨油。

# 柠檬黄金花茶

## Camellia indochinensis Merr.

山茶科 Theaceae

中国特有种。

按 IUCN 和《中国物种红色名录》的标准为易危种。

形态特征　常绿灌木，高 1~2m。幼枝细小，表皮棕红色，光滑。叶革质，嫩叶淡紫红色，椭圆形或长椭圆形，顶端渐尖，基部阔楔形，边缘具幼锯齿；上面深绿色，光亮，下面淡绿色，具有黑色小腺点；中脉和侧脉在下面均明显突起。花单生于叶腋；苞片、花萼和花瓣外面常被短柔毛，边缘有小睫毛；花瓣 8 片，黄绿色，近圆形，近平展，无毛。蒴果近扁球形；种子表面光滑。花期 10~12 月。

地理分布　广西。

生长环境　生于海拔 120~300m 石灰岩山地的常绿阔叶林中。

养护要点　种子繁殖。耐半阴，在酸性砖红壤中生长良好，在 2~3 月可进行修剪树形。可以在 2~3 月进行嫁接繁殖。

用　　途　树形优美，用作园林绿化。

# 东兴金花茶

## Camellia indochinensis var. tunghinensis (H. T. Chang) T. L. Ming & W. J. Zhang

形态特征　常绿灌木或小乔木，高 2~5m。嫩枝圆柱形，纤细，无毛。嫩叶淡绿色或紫红色，老叶薄革质或近膜质，椭圆形，顶端急尖，基部阔楔形，上面绿色，不发亮，下面浅绿色，有黑腺点，无毛；侧脉 4~6 对；边缘上部有钝锯齿；叶柄无毛。花通常单生，或 2 朵簇生，淡黄色，腋生或顶生；苞片 6~7 片，细小；萼片 5 片，近圆形，无毛；花瓣 7~9 片；雄蕊多数。蒴果扁球形或扁三角状球形；种子褐色，表面无毛。花期 3~4 月；果期 10 月。

地理分布　广西。

生长环境　生于海拔 180~650m 山地常绿阔叶林中。

养护要点　种子繁殖。不甚喜阳，在肥沃湿润的酸性土壤生长良好，在 5~6 月可修剪树形。

用　　途　园林观赏。

山茶科 Theaceae

中国特有种。

按 IUCN 和《中国物种红色名录》的标准为极危种。

# 金花茶

## Camellia petelotii (Merr.) Sealy

山茶科 Theaceae
国家一级重点保护野生植物。
按 IUCN 和《中国物种红色名录》的标准为濒危种。

形态特征 常绿灌木至小乔木，高 2~6m。叶革质，披针状椭圆形，边缘具幼齿，叶面散布腺点，中脉与侧脉在上面下陷，下面隆起，网脉少而明显。花 1~2 朵，腋生或近顶生；花梗短，下垂；苞片与萼片均绿色，无毛；花瓣近圆形至阔倒卵形，金黄色，肥厚肉质，有光泽，无毛；基部与花丝合生成。蒴果扁球形，深褐色，无毛；种子棕褐色。花期 12 月至翌年 2 月；果期 8~9 月。
地理分布 广西和云南。
生长环境 生于海拔 50~650m 山地的常绿阔叶林中。
养护要点 种子繁殖。种植于半阴环境下，在酸性砖红壤中生长良好，在 2~3 月可进行修剪树形。
用 途 种子榨油；木材可用于雕刻；药用和保健品；亦可作园林观赏。

# 平果金花茶

## Camellia pingguoensis D. Fang

山茶科 Theaceae
中国特有种。
按 IUCN 和《中国物种红色名录》的标准为濒危种。

形态特征　常绿灌木，高 2~3m。幼枝圆滑。叶薄革质，嫩叶暗红色，卵形，少量长椭圆形，顶端常尾状急尖，基部楔形或略宽，叶片布有深褐色腺点，两面无毛，上面中脉微凸；边缘具幼齿；侧脉上面平坦，下面稍凸起。花腋生和顶生，少量 2 朵簇生；苞片 7 枚，外面被微柔毛，边缘有短睫毛；萼片 5 片，近圆形，外面被短柔毛，边缘有短小睫毛，宿存；花瓣 5~8 片，淡黄色，近圆形至卵形。蒴果，球形；种子细小，黑色。花期 12 月至翌年 1 月；果期 9 月。
地理分布　广西。
生长环境　生于海拔 250~620m 石灰岩山地的常绿阔叶林中。
养护要点　种子繁殖。耐半阴，在肥沃湿润的酸性土壤生长良好，在 1~2 月可修剪树形。
用　　途　园林观赏。

# 猪血木

## Euryodendron excelsum H. T. Chang

山茶科 Theaceae
中国特有种。
国家一级重点保护野生植物。
按 IUCN 和《中国物种红色名录》的标准为极危种。

形态特征　常绿乔木，高约 15~20m。树皮灰褐色，具不规则浅裂纹；幼枝棕红色。叶薄革质，宽椭圆形或阔披针形，顶端急钝尖，基部楔形，边缘具幼齿，侧脉 5~6 对，在近边缘处相结合，网脉两面均明显；叶柄有浅沟。花 1~3 朵簇生，生于叶腋或无叶的小枝上；花瓣 5 片，白色，倒卵形或倒卵状椭圆形，顶端略圆，无毛。浆果状核果卵圆形，紫蓝色，萼片宿存；种子肾形，褐色，种皮有不规则皱纹。花期 8~10 月；果期 11~12 月。
地理分布　广东阳春。
生长环境　生于海拔约 50m 低丘疏林中或村旁林缘。
养护要点　种子、嫁接繁殖，不甚喜阳，在肥沃湿润的酸性土壤中生长良好。
濒危原因　历史上广西也曾经有分布，但现仅广东阳春八甲有少量野生，主要原因是生境遭受破坏，人为的大量砍伐等因素造成濒危。
用　　途　单种属植物，有重要的科研价值。

# 东京龙脑香

## Dipterocarpus retusus Blume

龙脑香科 Dipterocarpaceae
国家一级重点保护野生植物。
按 IUCN 和《中国物种红色名录》的标准为濒危种。

形态特征 大乔木，高可达 40m。树皮浅灰白色或棕褐色。叶革质，阔卵形或椭圆形，长 15~28cm，宽 10~14cm，顶端具短尖，基部圆形或浅心形，叶面被白色伏毛，后脱落，背面疏被星状毛。总状花序腋生，有 2~5 朵花；花粉红色。坚果被绢状绒毛；增大的 2 片宿存花萼裂片，线状披针形，革质，顶端圆形，具 3~5 条脉，被疏星状短绒毛；种子与果皮基部合生。花期 5~6 月；果期 12 至翌年 1 月。

地理分布 云南、西藏。缅甸、泰国、越南、老挝、印度、印度尼西亚、马来西亚。

生长环境 生于海拔 900~1 100m 潮湿的沟谷雨林及石灰岩密林中。

养护要点 喜光树种，苗期需适度遮阴。在湿润、疏松有机质土壤生长良好。忌积水。

濒危原因 过度利用及生境受到破坏是其致濒的主要原因。

用　　途 本种材质坚硬，通常用于房屋建筑，经防腐处理之后可作枕木，构建桥梁等；树脂可作工业用及药用原料。

# 狭叶坡垒

## Hopea chinensis (Merr.) Hand.-Mazz.

形态特征 大乔木，高可达 20m。树皮平滑，灰黑色。叶互生，革质，全缘，长圆状披针形，长 6~13cm，宽 2~4cm，顶端渐尖或尾状渐尖，基部圆形或楔形，两侧略不等大，上面光滑，下面被疏毛或无毛。圆锥花序腋生。花萼 5 片；花瓣 5 片，淡红色，长约 3~4mm，被黄色长绒毛。果实卵形，黑褐色，有尖头；增大的 2 片花萼裂片长圆状披针形或长圆形。花期 6~7 月；果期 10~12 月。

地理分布 特产广西十万大山和大青山。

生长环境 生于海拔 600m 左右的山谷、坡地、丘陵地区。

养护要点 喜光、小苗喜半阴、湿润、疏松、排水良好、肥沃、富含有机质的土壤。

濒危原因 过度的砍伐和利用是其致濒的主要原因。

用　　途 用材树种；树脂可作喷漆。

龙脑香科 Dipterocarpaceae
国家一级重点保护野生植物。
按 IUCN 和《中国物种红色名录》的标准为濒危种。

# 坡垒

## **Hopea hainanensis** Merr. et Chun

形态特征 常绿乔木，高10~20m。小枝密被星状柔毛。叶革质，顶端短渐尖，基部稍圆或阔楔形，干时两面黄褐色，被微小粉状的鳞秕，侧脉7~12对，在下面凸起；叶柄长1.5~2cm，有皱纹。圆锥花序顶生和腋生，长3.5~7cm，被星状柔毛；花梗极短；花萼裂片革质，椭圆状卵形，长约2.5mm，凹陷，顶端圆形；花瓣5片；雄蕊15枚，排成2轮，花药卵状椭圆形，药隔顶部的附属体丝状，长约1mm；子房近圆柱形，无毛，花柱短。果卵形，长约1.5cm，顶端短凸尖，有粘胶质，为增大的宿萼所包围，其中2片萼裂片增大成翅，倒披针形，长约7cm，有纵脉7~9条。花期6~9月；果期11~12月。

地理分布 海南、云南。越南。

生长环境 生于海拔400~800m的山地林中。

养护要点 需水少；全光照植物。

濒危原因 过度砍伐导致数量日趋减少。

用　　途 木材可供建筑等用；是我国珍贵用材树种。

龙脑香科 Dipterocarpaceae

国家一级重点保护野生植物。

按IUCN和《中国物种红色名录》的标准为极危种。

# 铁凌

## **Hopea reticulata** Tardieu

龙脑香科 Dipterocarpaceae
国家二级重点保护野生植物。
按 IUCN 和《中国物种红色名录》的标准为易危种。

形态特征 中等乔木，高 10~16m。树皮红褐色，具黄白色斑纹；小枝初时密被灰黄色绒毛，后渐脱落。叶互生，革质，卵形或卵状披针形；叶柄长 5~8mm，具灰黄色绒毛。圆锥花序顶生或生于上部叶腋，长 6~12cm，少花；花直径约 9mm，具短花梗；萼管短，萼裂片 5 片，覆瓦状排列，近圆形；花瓣 5 片，粉红色，倒卵状椭圆形，外面被绒毛，边缘有纤毛；雄蕊 15 枚，花丝阔而薄，顶部骤然收缩，花药椭圆形；子房上位，3 室，每室有 2 枚胚珠；花柱圆形，约与子房等长。果卵形，长约 14mm。花期 3~4 月；果期 5~6 月。
地理分布 海南、广东、广西、香港、台湾、贵州、福建。
生长环境 生于海拔 50~400m 的山地、丘陵林中。
养护要点 需水少；全光照植物。
濒危原因 过度砍伐以及过度砍伐而造成的水土流失，导致数量日趋减少。
用　　途 木材坚韧耐用，可为建筑、家具和造船等用材，被列为海南一等用材。

# 望天树

## **Parashorea chinensis** H. Wang

龙脑香科 Dipterocarpaceae
中国特有种。
国家一级重点保护野生植物。
按 IUCN 和《中国物种红色名录》的标准为濒危种。

形态特征 常绿大乔木，高可达 60m。树皮灰褐色。叶革质，椭圆状披针形，顶端渐尖，基部圆形。圆锥花序顶生或腋生；花萼裂片 5 片，覆瓦状排列，被鳞片状毛或茸毛；花芳香，黄白色，花瓣 5 片，长 6~11mm，宽 3~7mm，具纵脉 10~14 条，外面被鳞片状毛，内面近无毛。果实长卵形，密被银灰色的绢状毛；果翅近革质，等长或 3 长 2 短，有纵脉 5~7 条。花期 5~6 月；果期 8~9 月。
地理分布 云南、广西。
生长环境 生于海拔 300~1 100m 的沟谷、丘陵坡及石灰山密林中。
养护要点 喜光，苗期需遮阴。种植时加少量石灰，喜富含有机质的土壤。忌积水。
濒危原因 本种种群数量少，生境生态适应性差，是其致濒的主要原因。
用　　途 材质坚硬、耐腐性强，不易受虫蛀；是高档家具的优质用材。树形坚挺优美，可供园林观赏。

# 青梅

## **Vatica mangachapoi** Blanco

龙脑香科 Dipterocarpaceae
国家二级重点保护野生植物。
按 IUCN 和《中国物种红色名录》的标准为濒危种。

形态特征　常绿乔木，高 4~25m；小枝，叶柄和花序均密被星状柔毛。叶互生，革质，长圆形，长 5~17cm，宽 2~6cm，顶端短渐尖或急尖，基部楔形或稍圆，全缘，侧脉 7~12 对；叶柄长 0.7~2cm。花白色，有时淡黄色或淡红色，芳香，圆锥花序顶生或腋生；萼裂片卵状披针形或长圆形，不等大，两面均密被星状微柔毛；花瓣长圆形或狭匙形，外面密被星状微柔毛，内面无毛；雄蕊 15，花丝短，花药长圆形；子房球形，密被星状微柔毛，花柱短。果球形。花期 5~7 月；果期 6~9 月。

地理分布　海南；云南有栽培。越南、泰国、马来西亚、印度尼西亚、菲律宾等地。

生长环境　生于海拔 80~1 000m 的山地林中和溪边、海边。

养护要点　需水少，适宜在沙壤土中生长。

濒危原因　过度砍伐导致数量日趋减少。

用　　途　木材为优质建筑和家具用材。

# 金蒲桃

桃金娘科 Myrtaceae
奇特植物

## **Xanthostemon chrysanthus** F. Muell. ex Benth.

形态特征 小乔木，高达 6m。叶互生，狭椭圆形，薄革质，长 10~13.5cm，宽 3~3.5cm，顶端渐尖，基部渐狭，两面无毛，亮绿色；中脉明显，侧脉不甚明显；叶柄长 5~10mm。伞形花序；花冠金黄色；雄蕊多数，金黄色，子房下位。花期 5~7 月。
地理分布 原产澳洲热带地区。广州有栽培。
生长环境 生于山谷林中。
养护要点 宜栽培于肥沃、水肥条件良好的壤土上。
用　　途 花色艳丽，适于庭园绿化观赏。

# 柏拉木

野牡丹科 Melastomataceae
奇特植物

## **Blastus cochinchinensis** Lour.

形态特征 灌木，高 0.5~3m；枝近无毛。叶对生，披针形至狭椭圆状披针形，长 7~13cm，宽 2.5~4.5cm，基部楔形，顶端渐尖，有 3~5 条纵主脉，两面无毛；叶柄长 1.5~2.5cm。聚伞花序；花两性，白色至粉红色；萼筒长约 2.5mm，有腺点状黄色小鳞片，顶端 4 齿裂，裂齿三角形，极小；花瓣 4 片，长约 2.5mm；雄蕊 4 枚，伸出，等大，药隔不延长或膨大；子房下位，4 室。蒴果室背开裂，长约 4~5mm，为宿存花萼所包；种子多数。花期 6~8 月；果期 10~12 月。
地理分布 广西、广东、福建、台湾。印度、印度支那。
生长环境 生于林下、山谷或溪边。
养护要点 适宜阴湿之地。
用　　途 茎根含鞣质，可提制栲胶。

# 巴西野牡丹

野牡丹科 Melastomataceae
奇特植物。

## Tibouchina urvilleana (DC.)Cogn.

形态特征 常绿小灌木，株高 1~4m。枝条红褐色，幼枝方形，密被绒毛或硬毛。叶对生，长椭圆形至披针形，顶端急尖至渐尖，基部钝至圆，3 出脉；叶面具细茸毛，全缘。花深紫蓝色，花萼裂片线状锥形，花后脱落；花瓣 5 片，雄蕊白色。蒴果杯状，熟时紫红色。花期全年。
地理分布 原产巴西。广东、广西、福建、海南均有栽培。
生长环境 生于海拔 200~1 700m 的山谷或溪边。
养护要点 扦插、播种繁殖。栽培土质为砂质壤土或腐叶土。排水日照需良好，性喜温暖至高温。
用　　途 株形小巧清秀，花大色艳，适于庭园绿化观赏。

# 虎颜花

野牡丹科 Melastomataceae
中国特有种。
按 IUCN 和《中国物种红色名录》的标准为极危种。

## Tigridiopalma magnifica C. Chen

形态特征 形态特征：多年生常绿草本。直立茎短且被毛。叶通常膜质，被毛，边缘具细齿；9 基出脉，侧脉平行；具叶柄。蝎尾状聚伞花序腋生，具长花序梗；花 5 数，花萼漏斗形，具 5 棱；花瓣通常为倒卵形，一侧偏斜，顶端点尖；雄蕊 10，5 长 5 短，弯曲。蒴果漏斗状杯形，顶端平截，5 裂，膜质冠伸出宿存萼外。种子小，楔形，密布小突起。花期约 11 月，果期 3- 5 月。
地理分布 仅产于广东阳春市、茂名市、高州市。
生长环境 生于低海拔较郁闭森林下近溪边石板薄土层上。
养护要点 栽培需用腐殖质土，要求荫蔽及高湿度环境。
濒危原因 种子不易萌发及生境受到影响及过度采挖。
用　　途 花型态奇特，叶大花小，并且页面布满虎纹斑点，适于做室内观赏用。

# 使君子

使君子科 Combretaceae

奇特植物。

## Quisqualis indica Linn.

形态特征 落叶藤状灌木。叶薄纸质，卵形、长圆形或椭圆形，顶端短渐尖，基部圆，全缘或微波状；叶片脱落后残余成坚刺状。顶生穗状花序；小苞片线形；花萼筒细长管状；花瓣5，初开时白色，后渐变鲜红色；雄蕊10。假蒴果纺锤形，具明显的5棱，熟时栗褐色，成熟时3~5瓣裂；种子1颗。花期5~10月；果实秋季成熟。

地理分布 广东、海南、四川、贵州、云南、湖南、广西、福建及台湾。印度、缅甸、印度尼西亚及菲律宾。

生长环境 常攀援于疏林中或林缘。

养护要点 播种繁殖。不耐寒冷和干旱，栽培须肥沃、排水良好之沙质壤土。

用　　途 花色明艳，富于变化，花期长，为优美的垂直绿化植物。

# 千果榄仁

## **Terminalia myriocarpa** Van Huerch et Muell.-Arg.

使君子科 Combretaceae
国家二级重点保护野生植物。
UCN 和《中国物种红色名录》未列入。

形态特征　常绿乔木，高达 35m，具大板根，树皮常片状剥落。小枝被褐色短绒毛，或无毛。叶对生，厚纸质，长椭圆形，全缘或微波状；除中脉两面被黄褐色毛外，无毛或近无毛，侧脉平行；叶柄顶端两侧通常各具柄腺体 1 个。顶生或腋生总状花序组成大形圆锥花序，总轴密被黄色绒毛。花两性，极小，极多数，红色；萼筒杯状，内无长毛。瘦果细小，极多数，具 3 翅；翅膜质，干时苍黄色，被疏毛，大翅对生，长方形，小翅位于两大翅之间。花期 8~9 月；果期 10 月至翌年 1 月。

地理分布　云南、西藏、广西、广东。中南半岛。

生长环境　生于海拔 600~1 500m 沟谷和溪边的常绿林中。

养护要点　阳生植物，喜高温湿润的亚热带气候。宜栽于土层深厚、肥沃和湿润之地。

濒危原因　树木过度砍伐，生态系统受到破坏。

用　　途　速生造林树种，材质优良。

红树科 Rhizophoraceae

据 IUCN 和《中国物种红色名录》的标准为濒危种。

# 锯叶竹节树

## Carallia diplopetala Hand.-Mazz.

形态特征　常绿小乔木，高达 13m。小枝有皮孔。叶坚纸质，长圆形至长圆状披针形，长 7~11cm，顶端尾状渐尖，基部楔形，边缘具篦状小齿。聚伞花序二歧分枝，腋生；花序梗粗，长约 5mm；花萼钟状近球形，顶端 6~7 裂；萼片卵状三角形，与萼管等长；花瓣红色，12~14 片排成 2 轮，为花萼裂片的 2 倍；顶端 2 裂，边缘有皱褶和不规则的小齿，有柄。果球形。花期 12 月至 2 月；果期 5~9 月。

地理分布　广西、广东。

生长环境　生于海拔 500~1 350m 山地常绿阔叶林下或山谷湿润处。

养护要点　全光照或微阴下皆宜，喜光，喜高温湿润的亚热带气候。宜栽于土层深厚、肥沃和湿润的土壤。

濒危原因　分布范围狭窄，极少见；生态环境遭受破坏。

用　　途　可作园林绿化用。全株作药用，有通经活络的功效；叶治外伤出血；根治妇女血崩。

藤黄科 Clusiaceae

奇特植物。

# 大叶藤黄

## Garcinia xanthochymus Hook. f. ex Anders.

形态特征　乔木，高 8~20m，胸径 15~45cm，树皮灰褐色。分枝顶端下垂，小枝和嫩枝具明显纵棱。叶两行排列，厚革质，具光泽，椭圆形，中脉粗壮，两面隆起，网脉明显，叶柄粗壮。伞房状聚伞花序，腋生；花两性，5 数，萼片和花瓣 3 大 2 小，边缘具缘毛。浆果球形，成熟时黄色，外面光滑，有时具圆形皮孔，顶端突尖，有时偏斜。花期 3~5 月；果期 8~11 月。

地理分布　云南、广西。喜马拉雅东部、孟加拉国东部经缅甸、泰国至中南半岛及安达曼岛。

生长环境　生于海拔 100~780m 山谷密林中。

养护要点　全光照，喜光，喜高温湿润气候，耐半阴。宜栽于土层深厚、肥沃和湿润的土壤。

用　　途　果实顶端偏斜，又称“歪歪果”，观果、绿化观赏树种。果成熟后可食用，味颇酸；种子含油量为 17.72%，可作工业用油；黄色树脂滴入鼻腔，可驱使蚂蝗自行退出。

# 金丝李

## Garcinia paucinervis Chun et How

藤黄科 Clusiaceae
国家二级重点保护野生植物。
按 IUCN 和《中国物种红色名录》的标准为易危种。

形态特征　常绿乔木，高 3~15m；树皮灰黑色；幼枝扁四棱形，暗紫色。叶对生，全缘，嫩叶紫红色，近革质，椭圆状长圆形，中脉在背面凸起。花杂性，同株，雄花的聚伞花序腋生和顶生，雌花通常单生于叶腋。浆果椭圆形。花期 6~7 月；果期 11~12 月。
地理分布　广西、云南。越南。
生长环境　生于海拔 300~800m 的热带地区石灰山较干燥的疏林或密林中。
养护要点　喜生于石灰岩山地钙质土中，在酸性土中也能正常生长。在光照充足及微阴环境下生长良好；喜高温湿润气候。宜栽于土层深厚、肥沃和湿润的土壤中。
濒危原因　生态环境遭受破坏。
用　　途　材质坚硬，耐腐，是石灰岩山地的珍贵用材树种。

# 铁力木

## **Mesua ferrea** Linn.

藤黄科 Clusiaceae

国家二级重点保护野生植物。

按 IUCN 和《中国物种红色名录》的标准为易危种。

形态特征 常绿乔木，高达 30m；树干端直，树冠锥形，具板状根；树皮暗灰褐色，外皮薄片状开裂，内皮淡红色，创伤处渗出带香气的白色树脂；嫩枝鲜红褐色。叶对生，革质披针形，渐尖，全缘，基部楔形，上面有光泽，下面灰白色，中脉明显。嫩叶黄色带红。花两性，1~3 朵生于叶腋或枝顶；花瓣白色，倒卵状楔形，长约 4cm；雄蕊多数，金黄色。果卵状球形，坚硬。花期 3~5 月；果期 8~10 月。

地理分布 云南、广西。亚洲东南部和南部地区。

生长环境 生于海拔 540~600m 热带丘陵坡地林中。

养护要点 全光照，喜高温湿润气候，耐半阴。宜栽于土层深厚、肥沃和湿润的土壤。生长较慢。

用 途 绿化观赏；嫩叶粉红色。木材坚硬耐久，是极好的建筑材料；种子供榨油。

# 蚬木

## **Excentrodendron hsienmu** (Chun et how) H.T.Chang et T.H.Miau

椴树科 Tiliaceae

国家二级重点保护野生植物。

按 IUCN 和《中国物种红色名录》的标准为易危种。

形态特征 常绿乔木，高达 20 m，胸径达 3 m。除花序利花萼外均五毛。叶革质，宽卵形或卵形，长 8~14 cm，宽 8~10 cm，顶端渐尖，基部心形，边缘全缘，上面有光泽，脉腋内有腺体，下面在脉腋有毛，基出脉 3 条。圆锥花序腋生；两性花，萼片 3 片，长圆形；花瓣到卵形，基部有柄。蒴果狭椭圆形，长约 2 cm，有 5 纵翅，花期 3 月，果成熟期 6 月。

地理分布 广西、云南。越南。

生长环境 生于石灰岩山地密林。

养护要求 全日照或半日照皆宜，喜光，喜高温湿润气候，耐半阴。宜栽于土层深厚、肥沃和湿润的土壤。生长较慢。

濒危原因 分布范围狭窄，环境破坏、过度砍伐导致濒危。

用 途 建筑用材和作砧板用。

# 柄翅果

## Burretiodendron esquirolii (Lévl.) Rehd.

形态特征　落叶乔木，高达 20m。小枝密生星状柔毛。叶纸质，宽卵形或倒卵形，长 9 ~ 14cm，宽 4 ~ 8cm，基部斜心形，边缘有小齿，两面均密生星状短柔毛，基出脉 5 条。聚伞花序长约 3cm；花单性；雌雄异株，雄花直径约 2cm；萼片 5，外面生星状柔毛，内面无毛，基部有腺体；花瓣 5，倒卵形。蒴果长椭圆形，有 5 纵翅；种子倒卵形。

地理分布　云南、贵州、广西。

生长环境　生于石灰岩及沙岩山地常绿林中。

养护要求　喜光，喜高温湿润气候，耐半荫。宜栽于土层深厚、肥沃和湿润之中性至微碱性土壤。

濒危原因　分布范围狭窄，过度砍伐破坏山林环境所致。

用　　途　有重要科研价值。

椴树科 Tiliaceae

中国特有种。

国家二级重点保护野生植物。

按 IUCN 和《中国物种红色名录》的标准为易危种。

# 海南椴

## Hainania trichosperma Merr.

形态特征 小乔木或灌木，高达15m。树皮灰白色，粗糙；小枝、花序和花萼外面密生灰褐色星状短柔毛。叶薄革质，卵圆形，基部心形或近截形，边缘微波状或有小齿，上面几无毛，下面密生淡黄色短绒毛，基出脉5或7条。圆锥花序顶生，长达30cm；花白色，直径约1cm；萼筒钟形；花瓣5片，阔倒卵形。蒴果倒卵形，有5或4棱；种子椭圆形，密生黄褐色长毛。花期6~8月；果期8~10月。

地理分布 海南、广西。

生长环境 生于中海拔山地疏林中。

养护要点 喜光，喜高温湿润气候。宜栽于土层深厚、肥沃和湿润的土壤。生长速度中等。

濒危原因 原生境被破坏，环境变化较大。

用　　途 我国特有单种属植物，有重要科研价值。可作园林观赏。

椴树科 Tiliaceae

国家二级重点保护野生植物。

按IUCN和《中国物种红色名录》的标准为易危种。

# 文定果

## Muntingia calabura Linn.

形态特征 常绿小乔木，高6~12m。枝叶被星状毛，具有粘性。单叶互生，长椭圆状卵形，顶端尖，基部偏斜心形，叶缘有锯齿，两面密被短毛，纸质；托叶线状钻形。花冠白色，单生或成对着生，花瓣5片，离生。浆果球形，成熟时橙红至枣红色。花期春至秋季；果期夏、秋季。

地理分布 原产美洲热带。华南地区和世界热带地区有栽培。

生长环境 生于低海拔、湿润地区。

养护要点 播种、扦插繁殖。全光照，喜高温湿润气候，排水需良好，忌积水和板结土。在肥沃土壤生长较快。

用　　途 庇阴树、庭园树。果实清甜可食，树叶在当地供泡茶。

椴树科 Tiliaceae

奇特植物。

# 非洲芙蓉

梧桐科 Sterculiaceae
奇特植物。

## **Dombeya calantha** K. Schum.

形态特征 常绿灌木，分枝多，茎支具韧性，全体密被淡褐色的星状毛。叶互生，心形，长 8~15cm。复伞形花序呈圆球形，直径 13~15cm，有多数花；花冠粉红色；花瓣长约 2.5cm。花期 2~3 月。

地理分布 原产非洲。我国南方有栽培。

生长环境 热带地区。

养护要点 扦插繁殖。喜光，喜高温湿润气候，在微阴下也能生长正常，耐瘠薄，对土壤选择不严，如植于日照充足、土层深厚、肥沃和湿润的土壤，则生长十分茂盛快速，着花亦多。扦插四季均可进行，极易成活。

用　　途 优良的灌木花卉，春季花团锦簇，缤纷灿烂。

# 丹霞梧桐

## **Firmiana danxiaensis** Hsue et H. S. Kiu

梧桐科 Sterculiaceae
中国特有种。
国家二级重点保护野生植物。
按 IUCN 和《中国物种红色名录》的标准为极危种。

形态特征　乔木，高 5~8m。树皮黑褐色；幼枝青绿色，无毛。叶近圆形，薄革质，长 8~10cm，顶端圆并有短尾状，基部心形，全缘，稀顶端 3 浅裂，两面无毛；叶柄长 4.5~8.5cm，无毛；基出脉 7 条。圆锥花序顶生，长达 20cm，具多花，密被黄色星状柔毛；花萼 5 深裂，线形，长 1cm，密被淡黄色柔毛；无花瓣。卵状披针形，成熟前开裂，长 8~10cm；种子球形，黄褐色。

地理分布　广东（仁化丹霞山）。

生长环境　散生于海拔 250m 山地林中。

养护要点　喜光，喜高温湿润气候，耐半阴，耐瘠薄，对土壤选择不严，宜植于日照充足、土层深厚、肥沃和湿润的微酸性土壤。

濒危原因　现存植株稀少，可能是地理隔离引起。

用　　途　具有重要科学研究价值。可作园林观赏和造林绿化。

# 广西火桐

## **Firmiana kwangsiensis** H. H. Hsue

形态特征　落叶乔木，高达 10m。树皮灰色，不剥落。小枝灰棕色，近无毛；嫩芽浓密黄褐色星状被微柔毛。叶柄长达 20cm，被稀疏的黄棕色星状毛；叶片宽卵形的或近圆形，长 10~17 cm，宽 9~17 cm，全缘或者顶部 3 浅裂，纸质，两面稀疏被微柔毛，在脉腋里的有密毛，基出脉 5~7，基部截形或近心形。聚伞状总状花序长 5~7 cm；花萼圆筒状，顶部 5 浅裂，外面密被金黄色带红褐色的星状绒毛，内面鲜红色，萼裂片三角状卵形。蓇葖果膜质，紫红色；种子卵圆形。花期 5~6 月。

地理分布　广西。

生长环境　生于海拔 900~1 000m 的山坡灌丛中。

养护要求　种子繁殖，随采随播；宜种植于土质疏松，腐殖质多，排水良好的山坡地。

濒危原因　过度砍伐。

用　　途　花色鲜艳美丽，观赏价值高，可用作园林绿化和行道树。木材是制作家具、建筑、胶合板的上等用材。

梧桐科 Sterculiaceae
国家二级重点保护野生植物。
按 IUCN 和《中国物种红色名录》的标准为濒危种。

# 蝴蝶树

## **Heritiera parvifolia** Merr.

形态特征　常绿乔木，高达 35m。嫩枝被锈色鳞秕。叶革质，椭圆状披针形，长 6~8cm，宽 1.5~3.0cm，上面绿色，下面密被银白色或褐色鳞秕。圆锥花序腋生；花小，白色，单性；花萼管状；无花瓣；雄花花药排成环状；雌花的子房卵圆形。果具长翅，翅鱼尾状，密被银锈色鳞秕，果皮革质；种子椭圆形。花期 4~6 月；果期 8~10 月。

地理分布　海南。

生长环境　生于海拔 300~500m 以下山谷林中。

养护要点　播种繁殖。果实成熟后采收，宜随采随播。喜高温高湿环境，在土层肥厚、腐殖质含量高，微酸性土壤生长良好。

濒危原因　过度砍伐，天然更新能力差，导致种群数量减少。

用　　途　木材材质坚重、耐腐，为名贵的造船、建筑、家具用材。树形优美，枝繁叶茂，适于庭园观赏。

梧桐科 Sterculiaceae

中国特有种。

国家二级重点保护野生植物。

按 IUCN 和《中国物种红色名录》的标准为易危种。

锦葵科 Malvaceae

奇特植物。

# 纹瓣悬铃花

## **Abutilon striatum** Dickson

形态特征　常绿灌木，株高 2~4m。枝条圆柱形，光滑，绿色。叶纸质，互生，两面无毛，掌状 5 裂，叶缘有圆锯齿，裂片卵形；叶柄长 3~14cm；托叶线形，长约 9mm，后脱落。花单生于叶腋；萼片 5 片，三角形；花瓣 5 片，阔倒卵形，橙红色，具红色纹脉，半开展，形似风铃。花期 2~10 月。

地理分布　巴西、乌拉圭、危地马拉。

生长环境　亚热带山地常绿林中。

养护要点　喜光，在微阴下也能生长正常；喜温暖多湿的热带至亚热带气候，宜栽于排水良好的酸性土壤。

用　　途　庭园观赏，花形美丽，开花期就像在树枝上挂满了一个个小巧玲珑的风铃。

# 爪哇木棉

## **Ceiba pentandra** (Linn.) Gaertn.

形态特征　落叶乔木，高达 30m。有大而轮生的侧枝。掌状复叶，小叶长圆状披针形，顶端急尖或渐尖，基部渐狭。花多数簇生于上部叶腋间，有时单生；淡红色或黄白色；花瓣倒卵状长圆形，外面密披白色长柔毛。蒴果木质，长圆形，果瓣内面密披丝状绵毛。花、果期 3~4 月。

地理分布　原产热带美洲。现亚洲、非洲热带地区广泛栽培，我国华南地区有栽培。

生长环境　热带雨林。

养护要点　全光照，喜高温湿润气候，排水需良好，避强风。适生于深厚、肥沃、湿润的土壤。

用　　途　园林观赏；果内绵毛可作为救生衣等的优良填充物，也可作飞机上的保温、隔音材料。

木棉科 Bombacaceae

奇特植物。

# 美丽木棉

木棉科 Bombacaceae
奇特植物。

## Chorisia speciosa A. St.-Hil.

形态特征 落叶大乔木，高10~15m。树干下部膨大；幼树树皮浓绿色，密生圆锥状皮刺；侧枝放射状水平伸展或斜向伸展。掌状复叶，小叶椭圆形。花单生；花冠淡紫红色，中心白色；花瓣5片，反卷；花丝合生成雄蕊管，包围花柱。蒴果椭圆形，长约10cm，内含绵毛。花期10~12月；果实于次年春季成熟。

地理分布 原产巴西、玻利维亚及阿根廷。热带地区多有栽培。

生长环境 热带草原。

养护要点 喜光，喜高温多湿的热带气候，生长迅速，5年树龄便可开花，抗风，不耐干旱，宜栽于排水良好的酸性土壤。播种或嫁接繁殖，嫁接以木棉为砧木，于早春进行。

用 途 叶色青翠，成年树树干呈酒瓶状；冬季盛花期，满树姹紫嫣红，秀色照人，故又称它为“美人树”。为高雅的热带木本花卉，是庭院绿化和美化的高级树种。

# 水瓜栗

## **Pachira aquatica** Aubl.

形态特征　常绿乔木，高 8~10m。具板根。掌状复叶互生，小叶 5~7 片，革质，椭圆形。花单生于叶腋；花萼管状，长 2.5cm，宿存；花瓣带状，奶黄色，稍反卷，长达 30cm，背面被棕色茸毛；雄蕊 10 束，多数；雌蕊细长，深红色。蒴果椭圆形，表皮有棕色疣状突起，长达 20cm，宽 14cm。花期 5~8 月；果期 9~10 月。
地理分布　原产中美洲和南美洲。我国热带、南亚热带有栽培。
生长环境　热带雨林。
养护要点　播种繁殖。中性植物，喜光，在微阴下也能生长正常；喜高温多湿的热带至亚热带气候，宜栽于排水良好的酸性土壤。
用　　途　庭园观赏树种。种子烤熟可食，为当地木本粮食树种。

木棉科 Bombacaceae
奇特植物

# 金英

## Thryallis gracilis (Bartl.)Kuntze

形态特征 常绿灌木，高 1~2m。枝条淡褐色。叶对生，基部有 2 个腺体；膜质，全缘，长圆形或椭圆状长圆形，顶端钝或圆形，具短尖，基部楔形；托叶针状。总状花序顶生，花序轴被红褐色柔毛；花瓣 5 片，黄色，卵状椭圆形，具柄。蒴果球形。花期 6~11 月；果期 10~11 月。

地理分布 原产美洲热带地区，现亚洲、非洲热带地区广泛栽培。

生长环境 热带雨林。

养护要点 全光照或半阴皆可，喜高温多湿的亚热带气候，宜栽于排水良好的酸性土壤。

用　　途 灌木花卉，园林观赏。

金虎尾科 Malpighiaceae

奇特植物。

# 三星果

## **Tristellateia australasiae** A. Rich.

形态特征 木质藤本，近无毛。叶对生或轮生；卵形，长6~12cm，顶端急尖或渐尖，基部圆或心形，与叶柄交界处有2个腺体，全缘，无毛；托叶线形或披针形。总状花序顶生或腋生；花梗中下部具关节；萼片三角形，绿色；花瓣5片，椭圆形，具柄，鲜黄色；雄蕊5枚，花丝黄色后变红色。翅果星芒状。花期4~8月；果期7~10月。
地理分布 中国台湾。马来西亚、澳大利亚热带地区及太平洋诸岛屿。
生长环境 生于近海边的林中。
养护要点 播种、扦插繁殖。全光照，喜高温多湿的亚热带气候，宜栽于排水良好的酸性土壤。
用　　途 优良藤本观赏植物。可提供园林绿化布置。

金虎尾科 Malpighiaceae
奇特植物

# 木奶果

## **Baccaurea ramiflora** Lour.

形态特征 乔木，高5~12m。嫩枝被浅褐色毛，小枝无毛。叶长圆形、倒卵状长圆形至倒卵形，长9~16cm，宽3~7.5cm，顶端渐尖，基部楔形。花雌雄异株，花序腋生或茎生；雄花为聚伞圆锥花序；雌花总状花序。果序长达19cm，果阔卵形或近球形，果皮肉质，黄色，熟透时开裂。花期3~4月；果期4~10月。
地理分布 西藏、云南、广西、广东、海南。印度、缅甸、泰国、越南、马来西亚。
生长环境 生于海拔750m以下的山谷、山坡常绿阔叶林中，或村旁疏林中。
养护要点 全光照或半阴皆可，喜高温多湿的亚热带气候。宜栽于排水良好的微酸性土壤。
用　　途 热带雨林典型的老茎生花植物，非常奇特，用于园林观赏。果可作水果食用，并可酿酒。

大戟科 Euphorbiaceae
奇特植物

# 东京桐

## Deutzianthus tonkinensis Gagnep.

大戟科 Euphorbiaceae
国家二级重点保护野生植物。
按 IUCN 和《中国物种红色名录》的标准为濒危种。

形态特征 常绿乔木，植株高 8~14m。小枝有明显的叶痕。叶互生，多聚生于枝端，叶片椭圆形，长 15~22cm，顶端急尖或骤急尖，基部宽楔形或圆，基出脉 3 对；叶柄顶端有 2 个盘状腺体。花单性，雌雄异株，排成顶生的伞房花序式的圆锥花序；花瓣 5 片，白色。果球形，有 3 钝棱，被灰黄色短毛。花期 5 月；果熟期 8~9 月。
地理分布 云南和广西。越南。
生长环境 生于山坡林中。
养护要点 播种繁殖，宜随采随播。喜高温多湿的亚热带气候。对土壤选择不严，在石灰岩山坡或微酸性赤壤均能生长。
濒危原因 原生境被破坏，自然繁殖能力低。
用　　途 园林绿化。

大戟科 Euphorbiaceae
中国特有种。
按 IUCN 和《中国物种红色名录》的标准为易危种。

# 肥牛树

## Cephalomappa sinensis (Chun et How) Kosterm.

形态特征 乔木，高达 25m。叶革质，长椭圆形或长倒卵形，长 5~15cm，顶端长渐尖或稍尾尖，基部宽楔形，具 2 个细小斑状腺体，叶缘浅波状或疏生细齿。花序长 1.5~2.5cm，被柔毛，具 1~3 个顶生的由雄花排成的团伞花序和 1~3 朵雌花；花单性，无花瓣；雄花花萼裂片 3~4 片；雌花花萼深裂，裂片长三角形。蒴果，密生 3 棱瘤状刺。花期 3~4 月。
地理分布 广西、云南。越南。
生长环境 生于海拔 120~500m 石灰岩山地常绿林中。
养护要点 播种、扦插繁殖。喜生于石灰岩山地钙质土中，在微酸性土中也可正常生长。全光照或半阴皆可，喜高温多湿的亚热带气候。
濒危原因 森林环境破坏，种子易丧失发芽力，自然繁殖能力低。
用　　途 荒山和石山绿化造林树种。木材坚重，供制家具。叶片富含营养，味微甜，可作马、牛、羊的饲料。

大戟科 Euphorbiaceae
中国特有种。
按 IUCN 和《中国物种红色名录》的标准为易危种。

# 蝴蝶果

## **Cleidiocarpon cavaleriei** (H. Lévl.) Airy Shaw

形态特征 乔木，高达 25m。叶纸质，嫩叶被疏星状毛，椭圆形或长圆状椭圆形，基部具小托叶 2 片，钻状；叶柄顶部枕状，基部具黑色腺体。花序圆锥状，长 10~15cm，密生灰黄色微星状毛；雄花 3~13 朵密集成团伞花序；苞片披针形；雌花单生于花序基部或中部。果斜卵形，有时为双球形，外果皮被微毛；种子近球形。花果期 5~11 月。
地理分布 贵州、云南、广西。越南也有分布。广州及海南等地有栽培。
生长环境 生于海拔 150~1 000m 石灰岩山地常绿林中。
养护要点 全光照或半阴，喜高温多湿之亚热带气候。宜栽于排水良好的微酸性土壤。
濒危原因 过度砍伐，生态环境遭受破坏所致。
用　　途 木材可作家具。种子煮熟后除去胚可食用。除用于石灰岩山的绿化树种外，现常作园林或街道绿化树种。

# 光棍树

## **Euphorbia tirucalli** Linn.

形态特征 灌木，高 1~3m。茎直立，互生、对生或轮生，圆柱形，肉质，绿色，有乳汁。叶肉质，散生于嫩枝顶部，叶线形或长圆形，长 7~15mm，宽 0.7~1.5mm，无柄或近无柄，早脱落。杯状聚伞花序具短梗，簇生于叉状分枝处或小枝顶端；雄花 4 朵；雌花 1 朵；花柱 3 枚，中部以下合生，柱头 2 裂。蒴果近三角形。
地理分布 原产非洲。世界各地广泛栽培。
生长环境 热带草原。
养护要点 扦插繁殖。全光照，喜高温。耐干旱，忌积水和板结土。对土壤选择不严，在排水良好的砂质壤土生长良好。
用　　途 树形奇特，茎枝光滑无叶，四季常绿，能以其枝条代替叶片进行光合作用。可用于庭园栽培或盆栽观赏。也是能源植物之一。

大戟科 Euphorbiaceae
奇特植物。

# 佛肚花

## Jatropha podagrica Hook.

形态特征 落叶灌木，高 0.5~2m。茎肉质，基部膨大，多液汁；枝粗壮，有明显的叶痕。叶盾状着生，宽 10~30cm，3~6 浅裂，裂片全缘；托叶分裂呈刺状，顶端具腺体，宿存。伞房状聚伞花序，花序和花均红色。蒴果椭圆形。花期几全年。

地理分布 原产中美洲。现世界热带、亚热带地区广泛栽培。

生长环境 热带草原。

养护要点 播种繁殖。全光照或微阴皆可，喜高温干爽气候，土壤宜疏松透气、排水良好，忌积水。

用　　途 庭园观赏植物。茎下部膨大成瓶状，花序和花瓣鲜红夺目。

大戟科 Euphorbiaceae

奇特植物

# 剑叶三宝木

## Trigonostemon xyphophylloides (Croiz.) L. K. Dai & T. L. Wu

形态特征 灌木，高达 3m。嫩枝被灰色毛。叶大，薄革质，互生或密集呈假轮生，长圆状披针形或近匙形，长 20~50cm，宽 7~11cm，顶端钝尖或渐尖，基部钝圆，全缘或具疏生细齿；叶柄粗短；托叶线状披针形。总状花序腋生，长不及 3cm；花黄色，单生。蒴果近球形。花期 4~9 月；果期 8~11 月。

地理分布 海南。

生长环境 生于近海山地季雨林中。

养护要点 喜半阴环境，喜高温多湿气候。宜栽于排水良好的酸性土壤。

用　　途 极具开发潜力的观赏植物。

大戟科 Euphorbiaceae

中国特有种

# 阳春鼠刺

## **Itea yangchunensis** S. Y. Jin

形态特征 常绿灌木。叶互生，厚革质，长圆状椭圆形，边缘具疏细锯齿，稍背卷；两面无毛；羽状脉，上面平，下面明显隆起；两面有明显的腺体。花两性；总状花序腋生，长 10~15cm；花萼筒浅杯状，萼片 5 片，披针形，黄绿色；花瓣 5 片，长椭圆状披针形，直立，粉红色至白色。蒴果锥形，干时黑色。花期 3~4 月；果期 7~11 月。

地理分布 广东（阳春）。

生长环境 生于低海拔山地灌丛中。

养护要点 喜光，耐半阴，喜高温多湿的亚热带气候。宜土层深厚，排水良好的微酸性土壤。

用　　途 花形美丽，具有园林观赏价值。

鼠刺科 Escalloniaceae

中国特有种

# 美蕊花

含羞草科 Mimosaceae
奇特植物。

## **Calliandra haematocephala** Hassk.

形态特征 常绿灌木，高达 3m。枝条开展，褐色，粗糙。二回羽状复叶有 1 对羽片，每一羽片有小叶 7~9 对；小叶斜披针形。头状花序腋生，直径约 3cm，含 20~40 朵花；花冠淡紫红色；雄蕊比花冠长 5~6 倍，红色。荚果披针形，成熟时由顶端向基部开裂；种子长圆形。花期春至秋季；果期秋末冬初。

地理分布 原产南美洲。世界热带、亚热带地区广为栽培。

生长环境 生于热带雨林的丘陵山地。

养护要点 播种、压条繁殖。喜光，喜温暖至高温湿润的热带气候，宜栽于排水良好的酸性土壤。耐修剪。

用　　途 优良的木本花卉。花期长，本种枝叶茂盛，在绿叶丛中由许多红色小花组成的头状花序酷似一团红色的绒线球，美丽可爱。

# 苏里南朱缨花

## Calliandra surinamensis Benth.

含羞草科 Mimosaceae
奇特植物。

形态特征　半落叶灌木，分枝多。二回羽状复叶，羽片6~9对，每片羽片有多数密生的小叶；小叶长椭圆形，长约1cm。头状花序多数，复排成圆锥状，含许多小花；花冠黄绿色，长6~8mm；花丝长为花冠的5~6倍，下部白色，上部粉红色。花期春季至秋季。
地理分布　原产苏里南岛。世界热带地区多有栽培。
生长环境　生于热带雨林气候环境下的丘陵山地。
养护要点　播种、扦插繁殖。喜温暖和湿润的热带气候，微阴，宜栽于排水良好的酸性土壤。
用　　途　优良的灌木花卉。本种树姿优美，花多而密，奇特可爱。

# 大果红心木

## Piptadenia macrocarpa Benth.

含羞草科 Mimosaceae
奇特植物。

形态特征　落叶大乔木；树干粗大；树皮灰褐色；小枝棕褐色。二回羽状复叶互生，长11~17cm，羽片4~8对，叶轴和羽轴被灰色疏柔毛；小叶对生，近无柄，线状披针形，基部截平，一侧极偏斜。总状花序式头状花序，腋生或顶生，长6~9cm；花瓣5片，淡绿色。荚果扁平。花期7~8月；果期翌年4~6月。
地理分布　原产阿根廷。广州有栽培。
生长环境　热带雨林。
养护要点　全光照，喜高温多湿的热带气候。宜栽于排水良好的肥沃酸性土壤。
用　　途　高大壮观，可作遮阴树、庭园树。为优良用材、绿化造林树种。

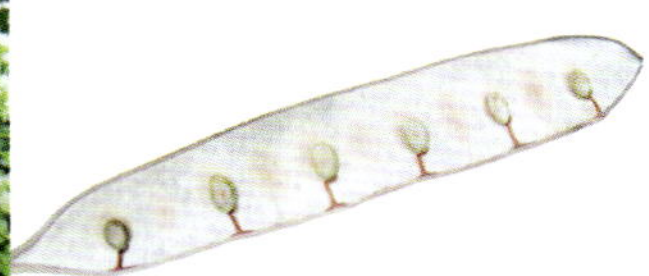

# 苏木

## Caesalpinia sappan Linn.

形态特征 灌木或小乔木，高 5~13m。树干有疏刺；幼枝被细柔毛。二回羽状复叶；小叶 10~17 对，对生，矩圆形，纸质，基部偏斜。圆锥花序顶生或腋生；花萼倒圆锥形；花瓣黄色，阔倒卵形，顶端凹，具短柄。荚果倒卵状长圆形，厚木质，顶端有喙。花期 5~10 月；果期 7 月至翌年 4 月。

地理分布 云南。我国华南有栽培。印度、缅甸、越南、马来半岛及斯里兰卡。

生长环境 生于热带季风气候山地灌丛、疏林中。

养护要点 全光照，喜高温多湿。栽培以肥沃壤土或沙壤土为宜，忌积水和荫蔽。

用　　途 枝干和根可提取红色和黄色染料。心材供药用，有解热清血、收敛祛痰之效。

苏木科 Caesalpiniaceae

奇特植物。

广东省省级重点保护植物。

# 洋金凤

## Caesalpinia pulcherrima (Linn.) Sw.

形态特征 灌木或小乔木，疏生刺。二回羽状复叶；小叶长圆形，偏斜，顶端圆，微缺，基部圆形。伞房状总状花序顶生或腋生；萼筒倒圆锥形；花瓣圆形，淡红色或橙黄色，边缘呈波状皱折；雄蕊长并伸出花瓣外，花丝红色。荚果近条形，扁平。花期 5~10 月；果期 10~11 月。

地理分布 原产西印度洋群岛。现热带地区广泛栽培。

生长环境 生于热带疏林中。

养护要点 全光照，喜高温多湿气候。栽培以肥沃壤土或沙壤土为宜。适宜生长温度 20~30℃。冬季应适当防寒。

用　　途 特色灌木花卉。庭园观赏，花极美丽。

苏木科 Caesalpiniaceae

奇特植物

# 凤凰木

## **Delonix regia** (Bojer) Raf.

形态特征　落叶乔木，高达 20m 以上，胸径可达 1m。树皮灰褐色，分枝多而开展。二回羽状复叶，小叶长椭圆形，顶端钝，基部偏斜，两面被细柔毛，全缘，上面绿色，下面淡绿色。顶生或腋生伞房状总状花序；花大而美丽；萼基部合生，裂片 5 片，长椭圆形，顶端骤尖，外面绿色，内面深红色；花瓣 5 片，匙形，鲜红色或橙红色，有黄及白色花斑，边缘皱波状；雄蕊红色。荚果条形，扁平下垂，木质。花期 4~7 月；果期 8~10 月。

地理分布　原产非洲马达加斯加。世界热带地区广泛栽培。

生长环境　生于山坡、平原和沿海地区热带雨林中。

养护要点　播种繁殖。全光照，喜高温多湿的热带气候。在红壤、砖红壤、微酸性土壤生长较好；忌积水和土壤板结，在干旱、贫瘠地生长不良。

用　　途　树冠广展，枝叶浓绿，花多且大，鲜艳夺目。用于庭园栽培或行道树；木材可制作轻便家具。种子有毒。

苏木科 Caesalpiniaceae

奇特植物。

# 无忧树

苏木科 Caesalpiniaceae
奇特植物。

## Saraca dives Pierre

形态特征　乔木，高 5~20m。羽状复叶；小叶 5~6 对；嫩叶下垂，紫红色；小叶革质，无毛，长椭圆形或卵状长圆形，长 10~35cm，顶端急尖或骤急尖，基部楔形或圆楔形。花具短梗，橙黄色后变红色，伞房状圆锥花序腋生；小苞片宿存；萼长管状；有 4 片卵形花瓣状裂状裂片；无花冠；雄蕊 8~10 枚，其中 1~2 枚常退化呈钻状；子房沿背、腹缝线密被短柔毛。荚果革质，扁，黑褐色，长 20~30cm，宽 5~7cm；种子长椭圆形。花期 3~5 月；果期 7~10 月。
地理分布　云南、广西。越南、老挝。
生长环境　生于海拔 200~1 000m 的山谷或河旁的疏林中。
养护要点　播种繁殖。全光照，喜高温多湿的亚热带气候。栽培宜植于土层深厚、湿润和肥沃的土壤。生长适温 20~30℃。
用　　途　优良园林观赏树种。花多而美丽。树皮有祛风除湿，消肿止痛，利尿之功效。

# 粘叶豆

## Schizolobium excelsum Vog.

形态特征　落叶大乔木，高达 36m，胸径 1m 或以上。树冠开展；枝条及树干青绿色，密布褐色皮孔。二回羽状复叶，聚生于枝顶，叶片长 80~120cm；小叶长椭圆形，长约 2cm，基部一侧偏斜。大型花序抽叶前开花，花黄色。
地理分布　原产巴西、哥伦比亚、墨西哥。
生长环境　生于热带雨林气候环境下的旷野路边。
养护要点　播种繁殖。全光照，喜高温多湿的热带气候。栽培宜植于土层深厚、湿润和肥沃的土壤。生长适温 20~30℃。
用　　途　树形美丽；是一种优良的遮阴树和观赏树。

苏木科 Caesalpiniaceae
奇特植物。

# 东京油楠

## Sindora tonkinensis A.chev.

形态特征　常绿乔木，高达 15m。羽状复叶；小叶卵形至椭圆状披针形，两侧不对称。圆锥花序；花萼淡绿色，两面密被黄色毛；花瓣仅 1 片。荚果近圆形或椭圆形，顶端有尖喙，外面光滑。花期 5~6 月；果期 8~9 月。
地理分布　原产中南半岛。我国南方有栽培。
生长环境　热带雨林。
养护要点　喜光，稍耐阴，喜高温多湿气候。栽培宜植于土层深厚和肥沃的微酸性壤土。
用　　途　树形开阔，枝繁叶茂，是优良园林观赏和遮阴树。材质优良。

# 任豆

## Zenia insignis Chun

形态特征　落叶乔木，高 15~20m。树皮粗糙；小枝黑褐色，散生白色小孔。奇数羽状复叶，长 25~45cm；叶轴及叶柄多少被黄色柔毛；小叶互生，薄革质，长圆状披针形，边全缘，上面无毛，下面被灰白色糙伏毛。圆锥花顶生；总花梗和花梗被黄色或棕色糙伏毛；花红色。荚果红棕色，长圆形或椭圆状长圆形，通常长约 10cm，有时可达 15cm。花期 4~5 月；果期 6~8 月。

地理分布　广东、广西、云南、湖南。

生长环境　生于石灰岩地区，在海拔 200~950m 山地密林或疏林中。

养护要点　全光照，喜光，喜高温湿润的亚热带气候。宜栽于土层深厚、肥沃和湿润的中性至微碱性土壤；在微酸性土壤也能正常生长。生长较快。

濒危原因　过度砍伐及自然繁殖能力较低。

用　　途　石灰岩地区荒山绿化树种。

苏木科 Caesalpiniaceae

国家二级重点保护野生植物。

按 IUCN 和《中国物种红色名录》的标准为易危种。

# 降香黄檀

## **Dalbergia odorifera** T. C. Chen

形态特征 半落叶乔木，高 10~15m。树皮褐色，粗糙，有纵裂纹。羽状复叶；小叶近革质，卵形或椭圆形。圆锥花序腋生，分枝呈伞房花序状；花冠淡黄色或白色。荚果舌状长椭圆形，扁平。花期 4~5 月；果期 8~10 月。

地理分布 海南。

生长环境 生于中海拔地区山坡疏林中、林缘或村旁旷地上。

养护要点 播种繁殖。喜光，耐干旱瘠薄的土壤，喜高温多湿的亚热带气候。栽培宜植于土壤疏松肥沃、排水良好的地方。

濒危原因 过度砍伐。

用　　途 名贵用材树种，民间俗称“黄花梨”，是制作上等家具的良好用材。根部心材药用，称“降香”，是良好的镇静剂，亦可治刀伤出血。

蝶形花科 Papilionaceae

中国特有种。

国家二级重点保护野生植物。

按 IUCN 和《中国物种红色名录》的标准为极危种。

# 鸡冠刺桐

蝶形花科 Papilionaceae
奇特植物。

## **Erythrina crista-galli** Linn.

形态特征 落叶或半落叶小乔木，高 3~5m。幼枝有刺。叶为羽状 3 小叶；小叶长椭圆形或卵状椭圆形，叶柄和中脉有疏短刺。总状花序；花冠蝶形，有鲜红、橙红、浅红或外白内红等多种颜色。花期 5~6 月。
地理分布 原产巴西。热带地区广为栽培。
生长环境 生于热带气候环境下山地林中。
养护要点 播种、扦插繁殖。全光照，喜高温多湿气候。宜植于土壤疏松的地方。不耐寒冷和干旱，不耐荫蔽。
用　　途 花大，花色多样，鲜艳夺目，为优良的木本观赏花卉。

# 短绒野大豆

## **Glycine tomentella** Hayata

形态特征 多年生缠绕草本；根近木质，侧根疏生于主根的上部至下部；全株均密被黄褐色茸毛；茎粗壮，缠绕或匍匐，密生淡黄色长硬毛。羽状复叶；小叶 3 片，顶生小叶卵状披针形或椭圆状披针形，全缘，两面均被毛，侧生小叶偏斜。总状花序的花密集于花序轴顶端；花冠淡红、深红或紫色。荚果扁。花期 5~6 月；果期 6~7 月。
地理分布 台湾、福建及广东。澳大利亚、菲律宾及巴布亚新几内亚。
生长环境 生于沿海及其附近岛屿的干旱坡地或荒草地。
养护要点 全光照，喜高温湿润的亚热带气候。宜栽于土层深厚、肥沃和湿润的微酸性土壤。
濒危原因 生境破坏是致濒的主要原因。
用　　途 重要野生作物资源之一。

蝶形花科 Papilionaceae
国家二级重点保护野生植物。

# 禾雀花

蝶形花科 Papilionaceae

奇特植物。

## **Mucuna birdwoodiana** Tutch.

形态特征 常绿大型木质藤本。羽状复叶具 3 小叶；小叶近革质，顶生小叶椭圆形或卵形，侧生小叶偏斜。总状花序自老茎上长出或腋生，下垂，长 20~38cm；花萼杯状，二唇形，内外均密被黄褐色伏毛，外有粗刺毛；花冠白色或绿白色，密被淡褐色短毛。荚果木质，长可达 40cm，被红褐色茸毛，具木质翅。花期 2~3 月；果熟期秋季。

地理分布 广东、江西、福建、香港、广西、贵州、四川。

生长环境 生于海拔 800~2 500m 山坡阳处或林中。

养护要点 播种繁殖，宜随采随播。喜光，喜温暖、湿润的亚热带气候和肥沃壤土。较耐阴，不耐干旱和瘠薄，排水须良好。栽培时须设棚架或支柱令其攀缘生长。

用　途 大型观花藤本。盛花期，密集的大型总状花序自老茎上长出，作悬垂状，宛如一群群的小鸟在张望，故名“禾雀花”，十分奇特有趣。适合棚架或花廊等垂直绿化观赏。藤茎药用，有通经络，强筋骨之效。

# 常春油麻藤

## **Mucuna sempervirens** Hemsl.

形态特征 常绿木质藤本。羽状复叶具3小叶，坚纸质；顶生小叶卵状椭圆形或卵状长圆形，两面无毛；侧生小叶极偏斜。总状花序生于老茎；萼宽钟状，二唇形，外面有稀疏锈色长硬毛，里面密生绢质绒毛；花冠深紫色。荚果木质，带形，长达60cm，边无翅，被红褐色短伏毛和长刚毛；种子扁长圆形，棕色，种脐半包种子。花期3~6月；果期9~10月。

地理分布 云南、四川、贵州、湖北、江西、浙江、福建、广东等。日本。

生长环境 生于海拔300~3 000m山坡林中或灌丛中。

养护要点 种子繁殖。种子要及时采收和播种，定植时要设置支柱，以便攀缘。喜温暖、湿润气候和肥沃土壤，较耐阴。

用　　途 优良的观花藤本植物，生长快，花序长，花朵美丽。藤茎药用，有活血化瘀、舒筋活络之效。

蝶形花科 Papilionaceae

奇特植物。

# 刺紫檀

## **Pterocarpus echinatus** Pers.

形态特征 落叶大乔木；树皮褐色，粗糙有纵裂纹；小枝圆形，浅灰色。一回羽状复叶互生，长15~34cm；小叶互生，5~10片，薄革质，卵状椭圆形至长椭圆形，上面有光泽，两面无毛；中脉在下面明显突出。圆锥花序顶生或腋生，花序长约16cm，有浓香；花瓣鲜黄，边缘具波折；雄蕊10枚。荚果卵形，一侧偏斜，长5~6cm，具翅。花期：5月；果期7~12月。

地理分布 原产菲律宾。我国南方有栽培。

生长环境 生于季风型热带山地林中。

养护要点 播种繁殖。全光照，喜高温湿润的热带气候；在土层深厚、肥沃和湿润的微酸性土壤中生长良好，忌积水和荫蔽。

用　　途 枝叶繁茂，花多而美丽夺目，为优良的庭阴树、园林观赏树种。

蝶形花科 Papilionaceae

奇特植物。

# 猫尾草

## Uraria crinita (Linn.) Desv. ex DC.

形态特征 亚灌木，高1~1.5m。全株被短柔毛。羽状复叶，近革质；茎下部3小叶，上部的为5小叶；小叶长椭圆形或卵状披针形。总状花序顶生，长15~30cm，粗壮，密被灰白色长硬毛；花萼浅杯状，被白色长硬毛；花冠淡紫色。荚果椭圆形，略被短茸毛。花期5~8月；果期9~11月。

地理分布 台湾、福建、江西、广东、海南、广西。中南半岛、马来半岛、澳大利亚及印度。

生长环境 生于海拔850m以下干旱旷野草地或灌丛中。

养护要点 播种繁殖。全光照，喜高温多湿的亚热带气候。在肥沃疏松的微酸性土壤中生长良好；耐干旱和瘠薄。

用　　途 观赏花卉，花序直立形似猫尾。全株药用，有清热解毒、止血消肿的功效。

蝶形花科 Papilionaceae

奇特植物

# 红苞木

## **Rhodoleia championii** Hook.f

形态特征 常绿乔木，高达 12m。叶互生，革质，全缘，长圆形；上面亮绿色，下面灰白色。腋生头状花序，具花 3~8 朵；花序梗长 2~3cm，鳞片小苞片 5~6 片；总苞片卵形，被褐色柔毛；花瓣桃红色，匙形，长 2.5~3.5cm，宽 6~8mm，雄蕊与花瓣等长。蒴果 4 瓣裂。花期 1~2 月；果期 4~5 月。
地理分布 广东、香港。
生长环境 生于山地常绿阔叶林中。
养护要点 全光照，喜温暖、湿润的南亚热带气候，较耐阴，不耐干旱和瘠薄。土壤以肥沃、富含有机质、排水良好的微酸性壤土为宜。
用　　途 具有较高推广价值和发展前景的珍稀观赏树种。

金缕梅科 Hamamelidaceae
中国特有种。

# 半枫荷

## **Semiliquidambar cathayensis** H. T. Chang

形态特征 常绿乔木，高约 15m。小枝无毛。叶互生，簇生于枝顶，革质，卵状椭圆形，3 出脉；或掌状 3 浅裂，有时也有单侧叉状分裂，具锯齿。花单性，雌雄同株；雄花序短穗状排成总状花序，无花被；雌花序头状，单生；花萼齿针形，长达 5mm；无花瓣。蒴果。花期 2~3 月；果期 5~7 月。
地理分布 浙江、江西、福建、广东、海南、广西和贵州。
生长环境 生于山地常绿阔叶林中。
养护要点 播种繁殖。全光照或半阴皆可，喜温暖多湿的亚热带气候，在肥沃、富含有机质的微酸性壤土中生长良好。较耐寒。
濒危原因 过度砍伐，生态系统遭破坏。
用　　途 庭园绿化树种。根药用，治风湿及跌打肿痛。

金缕梅科 Hamamelidaceae
中国特有种。
国家二级重点保护野生植物。
按 IUCN 和《中国物种红色名录》的标准为易危种。

# 杜仲

## **Eucommia ulmoides** Oliv.

形态特征　落叶乔木；树皮、枝皮、叶、根折断后断口有白色细丝。叶互生，椭圆形或卵形，边缘有细锯齿；叶脉上凹下凸。花单性，雌雄异株，无花被。翅果长椭圆形。
地理分布　河南、陕西、甘肃、四川、贵州、湖北、湖南等。
生长环境　生于暖温带中、高海拔地区。
养护要点　耐寒，喜光，喜湿润气候和肥沃土壤。
濒危原因　主要是过度采伐所致。
用　　途　我国特有的单种科植物，有重要的科研价值。树皮是著名的中药材。

杜仲科 Eucommiaceae
中国特有种。
国家二级重点保护野生植物。
按 IUCN 和《中国物种红色名录》的标准为易危种。

# 板凳果

## **Pachysandra axillaris** Franch.

形态特征　常绿或半常绿亚灌木；茎直立，具有平卧根状茎，高 25~30cm。叶阔卵形，坚纸质，边缘具较深的粗锯齿；叶面近无毛，叶背被微绒毛。花单性，粉红色，组成腋生穗状花序；雄花近无柄，具 1 片小苞片，三角形；萼片 4 片；雌花具 2 片苞片，近卵形；萼片 5 片长圆形。果核果状，成熟时红色，顶端具有 3 个顶端外卷的宿存花柱；种子 4 粒，扁卵形。花期 1~2 月；果期 9 月。
地理分布　广东、云南、四川、江西等。
生长环境　生于海拔 1 700~2 400m 的山坡、沟边和林下。
养护要求　种子、扦插繁殖。喜阴湿的环境与肥沃的土壤。
用　　途　观果植物，果形奇特，用于地面覆盖绿化。全株可药用，治偏头痛、神经性头痛；根有毒，对治疗风湿麻木、跌打损伤有疗效。

黄杨科 Buxaceae
奇特植物

# 见血封喉

## **Antiaris toxicaria** Lesch.

形态特征 常绿乔木，高达 45m，胸径达 1.5m，具剧毒乳液，通常具板状根；幼枝被褐色柔毛。叶互生，二列；叶长圆形，顶端渐尖，基部圆形或心形，两侧不对称；叶面深绿色，被长粗毛；叶缘具锯齿。雌雄同株；雄花序头状；雌花单生，藏于梨形花托内。核果肉质，梨形，鲜红色至紫红色。花期 3~4 月；果期 5~6 月。
地理分布 广东、海南、广西、云南。亚洲南部、东南部。
生长环境 生于低海拔山地常绿阔叶林中。
养护要求 全光照，喜高温湿润的热带气候。宜栽于土层深厚、肥沃和湿润的环境。
濒危原因 生态环境遭破坏。
用　　途 树液剧毒，古时云南、海南等地用于制作毒箭，射杀野兽。茎皮纤维细长柔软，可作为麻类代用品或制作人造棉。

桑科 Moraceae
按 IUCN 和《中国物种红色名录》的标准为易危种。

# 面包树

## **Artocarpus communis** J. R. & G. Foster.

形态特征 乔木，高 6~10m，最高可达 35m，有乳汁；小枝具平伏毛。叶互生，革质，菱形、长圆形或卵形，长 10~50cm；成年树叶缘有 3~5 羽状深裂，裂片披针形。花单性，雌雄同株；雄花为假柔荑花序；雌花球形。聚花果椭圆形或球形，由多数瘦果组成，成熟时黑褐色。花期夏季；果熟期秋季。
地理分布 原产马来西亚。我国华南地区有栽培。
生长环境 生于山地热带雨林中。
养护要求 全光照，喜高温多湿的热带气候；喜土层深厚、肥沃的土壤。怕寒冷，在亚热带地区冬季应防寒保温或迁入温室。
用　　途 观果及庭园观赏树。将果烤熟味如面包，可食用。

桑科 Moraceae
奇特植物。

# 白桂木

## **Artocarpus hypargyreus** Hance ex Benth.

桑科 Moraceae)

国家二级重点保护植物。

形态特征 常绿乔木，高达 25m；树皮深紫色，片状剥落；幼枝被贴伏柔毛。叶互生，革质，倒卵状椭圆形，长 8~17cm，全缘，嫩叶常有羽状浅裂；叶面深绿色，无毛，或仅中脉被微柔毛；背面有灰色短绒毛。花单性，雌雄同株；雄花序倒卵形；雌花序球形。聚花果球形，橘黄色，表面有乳头状凸起。开花期：夏季；果期：夏至秋季。

地理分布 广东、海南、广西、云南、福建、江西和湖南。

生长环境 生长于海拔 60C~1 600m 山谷疏林中。

养护要求 全光照，喜高温多湿的亚热带气候。宜土层深厚，排水良好的土壤。

濒危原因 由于森林受到破坏，植株数量减少。

用　　途 园林风景树，果实可供观赏和食用。

# 菩提榕

## **Ficus religiosa** Linn.

形态特征 常绿或半常绿乔木，高 30m，植物体有乳汁。叶互生，革质，心脏形或卵圆形，长 7~17cm，顶端骤尖成长尾状；绿色而有光泽。花序单个或成对生于叶腋，近球形，直径约 1cm，成熟时花序托暗紫色。全年均可开花结果。

地理分布 原产亚洲热带南部。我国南部和西南部及亚洲热带地区有栽培。

生长环境 山地热带雨林中。

养护要求 播种、扦插繁殖。喜光，喜温暖至高温湿润环境，抗风，抗大气污染，不耐干旱，对土质选择不严，生长迅速，萌发力强，移植易成活。

用　　途 著名的佛教植物之一。树冠广阔，树姿优雅别致，富热带色彩，绿阴效果甚佳，是优美的庭园风景树和行道树。

桑科 Moraceae

奇特植物。

# 镜面草

## Pilea peperomioides Diels

形态特征　多年生肉质草本；茎丛生，高 2~13cm，节密。叶肉质，圆形或圆卵形，叶柄盾状着生于叶片下部，状如古代的铜镜。花序为聚伞状圆锥花序，单生于枝顶端叶腋，长 10~28cm；花单性，雌雄异株；雄花带紫红色，花被片 4 片；雌花亦带紫红色，花被片 3 片。瘦果卵形。花期 4~7 月；果期 7~9 月。

地理分布　云南、四川。

生长环境　自然生长于山谷林下阴湿处。

养护要求　分株、扦插繁殖。半阴，喜温暖湿润的亚热带气候，在土壤疏松，排水良好的环境下生长。宜盆栽观赏。

濒危原因　分布区狭小，生境遭受破坏。

用　　途　圆形肉质叶别具特色，室内观赏植物。

荨麻科 Urticaceae

中国特有种。

按 IUCN 和《中国物种红色名录》的标准为濒危种。

# 锥头麻

## Poikilospermum suaveolens (Blume) Merr.

形态特征　攀援灌木。叶互生，革质，宽卵形至椭圆形，长 10~30cm，宽 8~23cm，先端突尖或钝，叶面密布钟乳体；托叶大，宿存。花单性，雌雄异株；二歧聚伞花序，球形，红色至粉红色；雄花序 2~3 回二歧分枝，苞片宿存；雌花序常二叉分枝，果时增大。雄花花被片 4，雄蕊 4；雌花花被片 4，合生至上部成管状。瘦果，长 3~5mm。花期 2~5 月，果期 5~6 月。

地理分布　云南南部。印度、中南半岛、马来半岛、加里曼丹、爪哇、菲律宾。

生长环境　生于海拔 500~600m 低山沟谷潮湿环境。

养护要求　喜温暖湿润之热带亚热带气候。喜土质肥沃、疏松、排水良好的土壤。

濒危原因　过度砍伐。

用　　途　稀有植物，在植物分类研究上具有科学意义；茎皮纤维用于人造棉原料。

荨麻科 Urticaceae

奇特植物。

按 IUCN 和《中国物种红色名录》的标准为易危种。

# 枸骨

冬青科 Aquifoliaceae
奇特植物

## **Ilex cornuta** Lindl. et Paxt.

形态特征　常绿灌木或小乔木，高达 3m。幼枝具纵棱及沟。叶厚革质，二型，长圆形或卵形，长 4~9cm，宽 2~4cm，顶具 3 枚硬刺齿，基部圆形或近截平，两侧各具 1~2 枚刺齿。花序生于二年生枝叶腋；花淡黄色，4 基数。果鲜红色，球形。花期 4~5 月；果期 10~12 月。
地理分布　广东、江苏、上海、安徽、浙江、江西、湖北、湖南。朝鲜。
生长环境　生于山坡灌丛或疏林中。
养护要求　全光照或微阴，喜温暖凉爽的中亚热带气候。宜土层深厚、排水良好的微酸性土壤。
用　　途　叶形奇特，果实红艳，果期长，适合园林观赏。

# 苦丁茶

## **Ilex kaushue** S. Y. Hu

形态特征　常绿乔木，高 8m。小枝粗壮，具纵棱及沟槽，被微茸毛。叶革质，长圆形至长圆状椭圆形，长 10~18cm，宽 4.5~7.5cm，顶端急尖或短渐尖，基部钝或楔形，边缘具粗锯齿；主脉于叶面凹陷，疏被微茸毛。花序生于当年生枝叶腋。果红色，球形。花期 5~6 月；果期 9~10 月。
地理分布　广东、湖北、湖南、广西、云南、海南。
生长环境　生于低海拔 500~1 200m 的山地林中。
养护要求　全光照或半阴，温暖湿润，土壤宜疏松和排水良好。
用　　途　制作苦丁茶。

冬青科 Aquifoliaceae
国家二级重点保护野生植物

# 铁冬青

冬青科 Aquifoliaceae

奇特植物。

## Ilex rotunda Thunb.

形态特征 常绿乔木，高 5~15m。树皮淡灰色；小枝红褐色，光滑无毛。叶薄革质或纸质，椭圆形、卵形或倒卵形，全缘；上面有光泽。花白色，雌雄异株，腋生聚伞花序。果球形，成熟时红色。花期 4 月。

地理分布 长江流域以南和台湾。朝鲜、日本。

生长环境 生长于温湿肥沃的疏林中或溪旁。

养护要求 全光照，喜温暖多湿的亚热带气候。宜土层深厚，排水良好的微酸性土壤。

用　　途 树形优美，果实红艳，果期长，适合园林观赏。叶和树皮能清热利湿、消肿止痛；树皮可提栲胶及染料。

檀香科 Santalaceae

据 IUCN 和《中国物种红色名录》的标准为易危种。

# 檀香

## Santalum album Linn.

形态特征 常绿小乔木，高约 8~15m。枝圆柱状，具条纹，有多数皮孔及半圆形的叶痕；小枝细长，淡绿色。叶对生，椭圆状卵形，膜质，顶端急尖，基部楔形，边缘波状；背面有白粉。聚伞圆锥花序顶生或腋生；花被管钟状，淡绿色；花柱深红色。核果成熟时深紫红色至紫黑色，外果皮肉质，顶端稍平坦。花期 5~6 月；果期 7~9 月。

地理分布 原产太平洋岛屿。现印度、澳大利亚、夏威夷及我国南方有栽培。

生长环境 在自然条件下主要生长于热带高原、干旱落叶林中。

养护要求 播种繁殖。半寄生植物，栽培时宜与部分豆科植物混栽。喜光，全光照或微阴，喜温暖干爽气候，栽培以疏松和排水良好的酸性壤土为佳。

用　　途 著名的香料植物。木材药用，提取珍贵香料，或用于制作香气持久的高级工艺品。

# 密花胡颓子

## Elaeagnus conferta Roxb.

形态特征 常绿攀缘灌木，无刺；小枝密被银白色鳞片。叶纸质，宽椭圆形，顶端骤尖，基部圆形或宽楔形；叶面幼时具银色鳞片，脱落后呈深绿色，上面银白色，被鳞片。花银白色，被鳞片，多花簇生叶腋成伞形短总状花序；每花下部具苞片 1 片；花梗长不及 1mm；花被筒短，瓶状钟形。果大，长椭圆形，成熟时橙红色。花期 11~12 月；果熟期 3~4 月。

地理分布 云南及广西。越南、马来西亚、印度。

生长环境 生于海拔 1 500m 以下常绿林中。

养护要求 全光照，喜高温湿润的热带至亚热带气候。土壤以疏松、肥沃和排水良好的微酸性壤土为佳。

用　　途 观果植物。果实酸甜可食，是具有开发潜力的野生果树。

胡颓子科 Elaeagnaceae

奇特植物

按 IUCN 和《中国物种红色名录》的标准为易危种。

# 红椿

## Toona ciliata Roem.

形态特征 落叶或半常绿乔木；树皮厚，深绿色至黑褐色；幼枝被锈色柔毛，后无毛。羽状复叶；小叶对生或近对生，全缘，长圆状卵形或披针形，长 8~15cm。圆锥花序顶生；花芳香；萼 5 裂；花瓣 5 片，长圆形，白色，无毛或被微柔软毛。蒴果长椭圆形木质；种子两端有翅。花期 4~5 月；果期 6~7 月。

地理分布 我国华南、西南。印度和印度尼西亚。

生长环境 生长于低海拔的丘陵山地疏林中。

养护要求 全光照或半阴，喜气候温暖湿润，土壤疏松和排水良好的环境。

濒危原因 过度砍伐。

用　　途 优良用材。

楝科 Meliaceae

奇特植物

国家二级重点保护野生植物

按 IUCN 和《中国物种红色名录》的标准为易危种。

# 伯乐树

## **Bretschneidera sinensis** Hemsl.

形态特征 落叶乔木，高达 20m。奇数羽状复叶，长 25~45cm；叶柄长 10~18cm，小叶 7~15 片，长圆形、窄卵形或窄倒卵形，小叶柄长 2~10mm。大型总状花序，顶生，直立，长 20~39cm，花梗、花萼被棕色短绒毛，花梗长 2~3cm；花瓣 5，粉红色，覆瓦状排列，内面有红色纵条纹。蒴果木质，近球形，棕色。种子橙红色，直径约 1.5cm。花期：3~9 月；果期：全年。

地理分布 零散分布于长江流域以南各省区。

生长环境 生于中海拔至高海拔沟谷溪边坡地。

养护要求 喜阳光充足、湿度大的环境。要求地壤肥力充足。

濒危原因 森林的砍伐、生态环境的破坏及结实率低等因素所致。

用　　途 我国特有单种科植物，是古老的孑遗种。对研究被子植物的系统发育及古地理环境的变迁等均有科学价值。优良用材树种。

伯乐树科 Bretschneiderceae

国家一级重点保护野生植物

按 IUCN 和《中国物种红色名录》的标准为易危种。

# 野鸦椿

## **Euscaphis japonica** (Thunb.) Dippel

形态特征 落叶灌木或小乔木，高 3~8m。树皮灰色，具纵裂纹；小枝及芽红紫色；枝叶揉碎后发出臭味。叶对生，单数羽状复叶，厚纸质。圆锥花序顶生，花小，黄白色；萼片、花瓣、雄蕊均为 5 片；花瓣长圆形，淡绿色。 果，紫红色；种子近圆形，假种皮肉质，黑色。花期 4~5 月；果期 7~8 月。

地理分布 长江流域各省，北至河南，东南达台湾。

生长环境 生长于山坡、谷地丛林中。

养护要求 全光照或半阴，喜温暖湿润的亚热带气候，宜土壤疏松和排水良好。

用　　途 夏季红果满树，鲜艳夺目，是具有较高开发潜力的园林观赏树种。种子油可制肥皂。树皮提栲胶。根及干果具有祛风除湿之功效。

省沽油科 Staphyleaceae

奇特植物

## 香港四照花

**Dendrobenthamia hongkongensis** (Hemsl.) Hutch.

形态特征　常绿乔木或灌木，高达 15m。幼被伏生褐色短柔毛；皮孔明显。叶对生，厚革质，长椭圆形或倒卵状长圆形，长 6~13cm，顶端短渐尖；幼时两面被褐色短柔毛。头状花序近球形，径约 1cm；具 4 片大型白色总苞片，宽椭圆形，两面近无毛；花瓣 4 片，黄色。聚合果球形，肉质，黄色或红色；果序柄纤细，近无毛。花期 5~6 月；果期 11~12 月。
地理分布　华南、西南等省区。越南。
生长环境　生于海拔 350~1 700m 湿润山谷密林或混交林中。
养护要求　全光照或半阴，喜高温多湿的亚热带气候。宜土层深厚，排水良好的微酸性土壤。
用　　途　夏初开花，白色花瓣状苞片布满全树，微风吹过犹如群蝶起舞；秋季挂果形如荔枝，酸甜可食；并且叶片变为褐红色。是一种具有较高推广价值的观花、观果植物。

山茱萸科 Cornaceae
奇特植物

## 西域青荚叶

**Helwingia himalaica** Hook. f. et Thoms. ex C. B. Clarke

形态特征　落叶灌木，高达 3m。叶厚纸质，长圆状披针形或长圆形，稀倒披针形，长 5~11cm，顶端尾状渐尖，基部宽楔形或渐狭窄，边缘具腺状细锯齿；托叶 2~3 裂。雄花绿色带紫，常 5~14 朵呈密伞花序，生于叶上面中脉处。浆果卵圆形或长圆形。花期 4~6 月；果期 6~9 月。
地理分布　黄河流域以南各省区。尼泊尔、锡金、不丹、印度及越南。
生长环境　生于海拔 1 400~3 000m 林中。
养护要求　喜温暖凉爽的高山气候和半阴环境。宜土层深厚，阴湿及肥沃、排水良好的土壤。
用　　途　花果着生于叶面中脉上，甚为奇特，可供园林观赏。全株药用，有活血化瘀、除湿利尿的功效。

山茱萸科 Cornaceae
奇特植物

# 喜树

## **Camptotheca acuminata** Decaisne

形态特征 落叶乔木，高达 25m。叶互生，卵状椭圆形或长卵形，长 8~25cm，宽 6~12cm，顶端渐尖，基部阔楔形，全缘。雌雄同株，雌花顶生，雄花腋生；头状花序球形，直径 1.5~2cm；总花梗长 3~6cm；花瓣 5 片，卵状长圆形，淡绿色，外面密被短柔毛；雄花有雄蕊 10 枚，排成两轮；雌花子房下位，花柱 2~3 裂。瘦果翅果状，狭长圆形，两侧有狭翅。花期 5~7 月；果期 8~10 月。

地理分布 长江流域以南各省区。

生长环境 生于山谷、溪边林中。

养护要求 喜光照、耐水湿，水肥好的山谷林地生长良好。

濒危原因 主要是过度砍伐造成濒危。

用　　途 树干通直，生长较快，可作庭园、行道绿化树种；木材为家具及造纸原料；根、茎皮、枝、叶和果实含喜树碱，有抗癌作用。

紫树科 Nyssaceae

国家二级重点保护野生植物。

# 珙桐

## **Davidia involucrata** Baillon

紫树科 Nyssaceae

中国特有种。

国家一级重点保护野生植物。

按 IUCN 和《中国物种红色名录》的标准为易危种。

形态特征 落叶乔木，高可达 30m。叶纸质，阔卵形稀圆形，长 9~14cm，宽 7~11cm，顶端尖，边缘有粗锯齿。由多数雄花和一朵两性花组成顶生头状花序，生于嫩枝顶部。雄花苞片 2~3 片，长 6~14cm，宽 3~5cm，初时浅绿色，后渐变为乳白色至黄棕色。雄花有雄蕊 1~7 枚，无花萼及花瓣，雌花和两性花子房下位，与花托合生。核果肉质，长卵圆形，紫色，间有黄褐色小斑点。花期 4~5 月；果期 9~10 月。

地理分布 四川、云南、湖北、贵州、湖南。

生于环境 生于海拔 600~2 400m 的密林之中。

养护要求 播种、扦插或压条繁殖。幼苗期需适度遮阴并保持苗床湿润。扦插宜用嫩枝扦插，5~7 月进行。高压可在春季当年生健壮枝条的基部进行。

濒危原因 因种子种壳厚而坚硬，后熟期长，一般要 2~3 年才能破壳发芽，人工繁殖非常困难。自然生长的生态环境已遭破坏，数量日趋减少。

用　　途 名贵观赏树，白色的苞片似展开的鸽子翅膀。盛花时就像满树鸽子栖息，有“中国鸽子树”的美称。

# 云南蓝果树

## **Nyssa yunnanensis** W. C. Yin ex H.N.Qin & Phengklai

形态特征 落叶大乔木，高可达30m。叶椭圆形或倒卵形，长15~22cm，宽8~12cm，顶端钝尖，具短尖头，基部近圆形，稀楔形，背面密被黄褐色的绒毛，边缘全缘或微波状。花雌雄异株；雄花多数，伞形花序；花萼5裂；花瓣5片，近长圆形。核果长卵圆形或近椭圆形，长约2cm，宽约10mm，直径约5mm，被微柔毛；种子稍扁，外壳具7条纵沟。花期3~4月；果期9月。
地理分布 云南西双版纳。
生长环境 生长在海拔550~1 100m的山地季雨林中。
养护要求 喜光照、耐水湿，宜植于山谷、沟边近水的肥沃地。
濒危原因 主要是过度采收及生境受到破坏等原因。
用　　途 具有重要科研价值，也用于绿化观赏。

紫树科 Nyssaceae
中国特有种。
国家一级重点保护野生植物。
按IUCN和《中国物种红色名录》的标准为极危种。

# 刺通草

## **Trevesia palmata** (Roxb.) Vis.

形态特征 常绿小乔木，高3~8m。树皮黄褐色，有刺和白色斑点；小枝有刺，被棕褐色绒毛；刺短，基部膨大，顶端锐尖。单叶，叶大，革质，掌状深裂，裂片约12枚，边缘有大锯齿，类似掌状复叶，基部有叶状阔翅将各小叶状裂片连成整片，通常有两裂片是不相连的，叶面光滑；叶柄长达1 m，通常疏生刺。圆锥花序。果实卵球形。花期10月；果期翌年5~7月。
地理分布 云南、贵州、广西。尼泊尔、锡金、孟加拉、印度、越南、老挝、柬埔寨。
生长环境 生于海拔1 300~1 900m山地林中。
养护要点 喜光，耐半阴，喜温暖湿润的亚热带气候。喜土质肥沃、疏松、排水良好的土壤。忌积水和土壤板结。
用　　途 叶形奇特，是一种优良的观叶植物，用于园林绿化。根、叶、髓心药用。

五加科 Araliaceae
奇特植物。

# 珊瑚菜

## Glehnia littoralis F. Schmidt ex Miq.

伞形科 Umbelliferae

国家二级重点保护野生植物。

按 IUCN 和《中国物种红色名录》的标准为易危种。

形态特征 多年草本。叶多数基生，三出式分裂或二回羽状深裂，末回裂片倒卵形至卵圆形，长 1~6cm，宽 0.8~3.5cm，顶端圆钝至锐尖，基部楔形至截形，边缘具缺刻状锯齿；叶柄长 5~15cm，基部膨大成鞘。复伞形花序顶生；小伞形花序具 15~20 朵花，花白色，花萼 5 萼齿，卵状披针形，被柔毛；花瓣白色带堇色。果近圆球形或倒卵形，被长绒毛，主棱上有木栓质翅。花果期 6~8 月。

地理分布 广东、海南至辽宁沿海各省区。朝鲜、日本、俄罗斯。

生长环境 生于海岸沙地。

养护要求 播种或分株繁殖。种子成熟后即采即播。春秋进行分株繁殖。

濒危原因 过度采收及生境受到破坏。

用　　途 根茎入药，称“北沙参”，有清肺、养阴止咳的功效，用于阳虚肺热干咳、虚痨久咳，热病伤津、咽干口渴等。花乳白色，成串像风铃，十分雅致美丽，可盆栽观赏。

杜鹃花科 Ericaceae

中国特有种。

按 IUCN 和《中国物种红色名录》的标准为易危种。

# 长萼马醉木

## Pieris swinhoei Hemsl.

形态特征 常绿灌木。叶簇生于枝顶，狭披针形或狭倒披针形，长 5.5~8.5cm，宽 1.2~2cm，顶端急尖，具短尖头，基部渐狭，叶缘中部以上有锯齿，下面密被细腺点。总状花序或圆锥花序顶生，长可达 40cm，被微柔毛；花冠乳白色，圆筒状壶形，长约 10mm，雄蕊长约 5.5mm，花丝基部被微柔毛，花柱长 8~10mm，子房被微柔毛。蒴果近球形，直径约 5mm。花期 4~6 月；果期 7~9 月。

地理分布 广东和福建。

生长环境 生于山谷溪边灌木丛中。

养护要点 喜水湿，宜植于土层较厚的山谷、溪边等地。

濒危原因 主要生境受到破坏等原因。

用　　途 花乳白色，可用于园林观赏。

# 人心果

山榄科 Sapotaceae

奇特植物。

## Manilkara zapota (Linn.) P. Royen

形态特征 常绿乔木，高 6~15m。树皮浅褐色，纵裂。叶革质，呈假轮生，有光泽、具短柄；圆或长卵形，长 5~13cm，宽 2.5~5cm，全缘，绿色。花腋生，花小，白色。每年开花 3~4 次，雌雄蕊异熟。果为浆果，卵形或近心脏形；果皮薄，成熟时锈褐或灰褐色，皮与果不易分离；果肉黄褐色透明状，熟时柔软。种子黄褐色，2~8 粒。花果期 4~9 月。

地理分布 原产美洲热带。广东、广西、海南、云南等地有栽培。

生长环境 适宜热带、南亚热带地区栽培。

养护要点 播种、压条繁殖。在果实成熟时，取出种子阴干，来年春播。性喜高温及高湿环境，对土壤要求不严。注意防治煤烟病、介壳虫等。

用　　途 树形优美，四季常绿，是良好的园林绿化观赏树种；果含糖高，含丰富的维生素 B 及多种氨基酸，供鲜食。木材坚实，适合制作高档家具。

# 神秘果

## Synsepalum dulcificum (Schumach.& Thonn.) Daniell

形态特征　常绿灌木或小乔木，高可达 6m。叶簇生小枝上部，倒披针形，薄革质，长 6~12cm，宽 1.5~2.5cm，顶端圆，有时具短尖头，基部楔形，两面无毛；叶柄极短。花数朵簇生于叶腋；萼管具棱，萼齿三角状；花冠乳黄色，冠管与萼管等长。果实圆柱状椭圆形，长可达 1.5cm，熟时鲜红色，无毛；种子 1 颗。花期春至夏季。

地理分布　原产非洲热带。我国南方有栽培。

生长环境　适宜热带高温气候，怕寒冷。

养护要点　播种繁殖。栽培采用砂质壤土，光照、排水需良好。每 1~2 个月施肥 1 次，增加钾、磷肥，可促进结果。

用　　途　观果植物，适于庭园种植或盆栽观赏。果含改变人的味觉的活性酶，供食用。

山榄科 Sapotaceae

奇特植物

# 蛋黄果

山榄科 Sapotaceae
奇特植物

## **Pouteria campechiana** (Kunth) Baehni var. **nervosa** (A. DC.) Baehni

形态特征　常绿小乔木，高可达 8m。叶互生，偶尔近对生，坚纸质，长椭圆形或披针形，顶端渐尖，基部楔形，两面无毛。花腋生；花萼常 5 裂，稀 6~7 裂，裂片卵形或阔卵形；花冠较萼长，长约 10mm，外面被黄白色绒毛，内面无毛；冠管圆筒形，长约 5mm，裂片 (4~)6，狭卵形，长约 5mm；雄蕊 5 枚，花丝钻形，被白色细绒毛。果实倒卵形，熟果浅黄色；种子 2~4 颗，椭圆形。

地理分布　原产中南美洲。我国台湾、广东、广西、海南、云南有栽培。

生长环境　喜高温湿润气候，喜阳光，耐干旱和瘠薄。

养护要点　播种、嫁接繁殖。栽培土质以土层深厚而排水良好的壤土或砂质壤土为佳。枝条过密需适时修剪。

用　　途　著名热带水果，果肉鲜黄，香甜可口。枝繁叶茂，熟果橙黄色，用于园林观赏或作行道树。

# 虎舌红

## **Ardisia mamillata** Hance

形态特征　矮小灌木；叶、萼片、果均有腺点。叶密被褐色长柔毛，互生或簇生于茎顶，倒卵形至长圆状倒披针形，边缘稍波浪状，边缘腺点藏于毛中，毛基部隆起如小瘤，叶两面暗紫红色。伞形花序着生于侧生特殊花枝顶端，每枝花约有花 10 朵，近顶端常有少量叶；花梗被毛，花萼基部连合，萼片披针形或狭长圆状披针形，背面被毛；花瓣粉红色。果球形，粉红至鲜红色，幼时腺点明显。花期 3~5 月；果期 11 月至翌年 1 月。

地理分布　四川、贵州、云南、湖南、广西、广东、福建。越南。

生长环境　生于海拔 500~1 200m 的山谷密林下、阴湿处。

养护要点　喜高温湿润的亚热带气候及微阴至半阴环境。喜土质肥沃、疏松、排水良好的土壤。

用　　途　园林观赏。民间常用中草药。

紫金牛科 Myrsinaceae
奇特植物

# 矮紫金牛

## Ardisia humilis Vahl

形态特征 灌木，高 1~2m。茎粗壮，无毛，有皱纹，褐色，除侧生特殊花枝外不分枝。叶片革质，倒卵形或椭圆状倒卵形，顶端广，急尖至钝，基部楔形，下延，全缘，两面无毛，背面密布小窝点，中脉明显，于背面隆起。圆锥花序着生于粗壮的侧生特殊花枝顶端，仅中部以上具少数叶；花瓣粉红色或红紫色，无毛，具腺点。果球形，红色至紫黑色，具腺点。花期 3~4 月；果期 11~12 月。

地理分布 广东徐闻、海南。

生长环境 生于海拔 40~1 100m 的山坡地疏、密林下。

养护要点 喜光，耐半阴，喜高温湿润的亚热带气候。喜土质肥沃、疏松、排水良好的土壤。

用 途 树形美观，是具有较高观赏价值的观花、观果植物；树皮可药用。

紫金牛科 Myrsinaceae
奇特植物。

# 秤锤树

## Sinojackia xylocarpa Hu

安息香科 Styracaceae
中国特有种。
国家二级重点保护野生植物。
按 IUCN 和《中国物种红色名录》的标准为濒危种。

形态特征 乔木，高 7m。叶互生，纸质，椭圆形或倒卵状椭圆形，长 3~10cm，宽 2.5~5cm，边缘具硬质锯齿。总状聚伞花序，有白花 3~5 朵；花常下垂；花萼管倒圆锥形；花冠裂片长椭圆形，长约 1.2cm，宽约 5mm，密被星状短绒毛；雄蕊 10~14 枚。果实卵形，连圆锥状喙长约 2.5cm，宽约 1.3cm，成熟后红褐色，有浅棕色皮孔，无毛；种子 1 颗，褐色。花期 3~4 月；果期 7~9 月。
地理分布 江苏南京。我国植物园常见栽培。
生长环境 生于海拔 500~800m 的疏林中。
养护要点 种子繁殖。在土层较深厚、肥沃和排水良好的山坡生长良好。
濒危原因 过度开发利用，导致种群数量减少是主要原因。
用　　途 果形奇特，供观赏。

# 大茶药

## Gelsemium elegans (Gardner et Champ.) Benth.

马钱科 Loganiaceae
奇特植物。

形态特征 木质藤本。叶对生，膜质，全缘，长 5~11cm，宽 3~5cm，顶端渐尖至长尾尖，基部圆形或阔楔形。花密集，组成顶生或上部腋生的聚伞花序；花冠黄色；雄蕊 5 枚，着生于花管中部，内藏或略伸出，花药内向纵裂；子房卵状长圆形，花柱长 8~10mm。蒴果椭圆形，长 10~14mm，直径约 7mm，果皮膜质；种子 20~40 颗，肾形或椭圆形，有膜质、不规则裂齿的翅。盛花期秋、冬季。
地理分布 广东、香港、广西、云南、贵州、湖南、江西、福建。中南半岛、马来半岛等。
生长环境 生于海拔 500~2 000m 的山坡灌木林中。
养护要点 播种、扦插繁殖。生性强健，喜光，较耐旱，对土壤要求不严。
用　　途 全株剧毒，误食能致命。药用有消肿止痛，拔毒杀虫之效；或用作植物性农药。

# 清明花

夹竹桃科 Apocynaceae
奇特植物。

## Beaumontia grandiflora Wall.

形态特征 木质大藤本。幼枝有锈色柔毛，老时无毛，茎有皮孔。叶长圆状倒卵形，长 6~14cm，宽 3~7cm，顶端渐尖，幼时略被柔毛，老时无毛，稀叶背被浓毛。伞房花序顶生；花萼裂片长圆状披针形或倒披针形，长 2~4cm；花白色，喇叭状；花冠长约 10cm，裂片卵圆形；雄蕊着生于花冠筒的喉部，花药箭头状。 果形状多变，内果皮亮黄色；种子长约 2cm；种毛白色绢质，长 4cm。花期春、夏季；果期秋、冬季。

地理分布 云南；广东、广西和福建有栽培。印度。

生长环境 生于山地林中。

养护要点 播种、扦插繁殖。生性强健，喜光，宜用疏松肥沃、排水良好的沙壤土栽培。

用　　途 根叶供药用，可治风湿性腰腿痛、骨折、跌打损伤等。优质观花藤本，可用于花廊、花架等立体绿化。

# 蕊木

夹竹桃科 Apocynaceae
中国特有种

## Kopsia arborea Blume

形态特征　乔木，全株具乳汁；树皮浅灰褐色；叶腋间有黄色腺体。叶对生，纸质，椭圆形，顶端渐尖，基部楔形，长 12~16cm，宽 3~5.5cm，叶幼时有微毛，老时无毛，中脉上面凹陷，下面凸起。聚伞花序复总状，粗壮；花冠白色，高脚碟状，花冠裂片 5 片；雄蕊 5 枚。核果椭圆形，长 2~3.5cm，成熟时黑色。花期 4~9 月；果期 7~12 月。

地理分布　云南、广东、广西、海南。东南亚至澳大利亚。

生长环境　生于海拔 500~800m 山地林中。

养护要点　播种、扦插繁殖。喜光及温暖湿润环境，耐干旱和瘠薄，不耐强风。种子无休眠期，即采即播发芽率高。对土质选择不严。

用　　途　生性强健，枝叶茂盛，花色洁白，清雅脱俗，用于庭园观赏。果、叶、树皮药用，消炎止痛，舒筋活络。

# 丽钟阁

## Tavaresia grandiflora Berger

形态特征　肉质茎柱状，深绿色，丛生，高可达 20cm，粗 1.5~2cm，具棱 10~14 条，棱上有白色硬毛，密生紫色小疣突，排列似鱼骨，疣突先端有 3 条刚毛状的刺，近白色，其中两根八字形分开，很别致。花着生于茎基部，1~4 朵聚生，大漏斗形，花筒长 9~14cm，直径 4.5cm，花冠联合，顶端 5 浅裂，每裂片渐尖，花瓣上密布不规则红斑，花筒内部近基部部分深红色。花期：夏季。

地理分布　原产非洲干旱的热带地区。广东有栽培。

生长环境　干旱的热带草原。

养护要求　播种、扦插繁殖。喜高温及阳光充足，以排水透气较好的砂质壤土为佳，甚耐干旱。冬季应维持较高温度，夏季要通风并节制浇水。

用　　途　热带景观布置。适合作室内小型盆栽。

萝藦科 Asclepiadaceae
奇特植物

# 汽球花

## Gomphocarpus fruticosus (Linn.) Aiton

形态特征 二年生直立草本。高可达 2.5m。全株乳汁丰富。茎圆柱形，表皮褐色至绿色，嫩枝被短绒毛。叶对生，在茎顶集生，线状披针形，边缘反卷。花多生于近枝顶的叶腋，伞形花序有花 2~8 朵，总苞片披针形；外轮花瓣 5 片，白色，反卷，内轮花瓣兜状，粉红色。果皮薄，肿胀呈球形，被软刺。种子多数，卵圆形，褐色，被白色绢质长毛。春夏开花结果。

地理分布 原产地中海。世界各地有栽培。

生长环境 热带草原。

养护要点 喜高温多湿和阳光充足环境，不耐寒，稍耐阴和干旱，要求肥沃、疏松和微酸性的沙壤土，冬季温度不低于 10℃。

用　　途 奇异观果植物。可用作厅堂和客室布置，还可用作切花材料。

萝摩科 Asclepiadaceae

奇特植物。

# 粉萼金花

## Mussaenda 'Aliia'

形态特征 半落叶灌木，高 1~3m。叶对生，长椭圆形，长 8~10cm，顶端渐尖，基部楔形，全缘，叶脉在上面明显凹陷。聚伞房花序顶生，花萼裂片 5 片，全部增大为粉红色的花瓣状；花冠金黄色，高脚碟状，裂片 5 片，直径约 1cm，喉部浅红色。花期 6~10 月。

地理分布 园艺杂交种，热带地区常见栽培。广州、深圳等地有栽培。

生长环境 喜高温、排水良好、日照良好环境。

养护要求 扦插繁殖。冬季落叶后，早春新芽萌发前进行。生性强健；栽培以富含腐殖质的壤土或砂质壤土为佳。

用　　途 增大的萼片粉红色，花瓣状，花期极长，适合庭园造景或大型盆栽。

茜草科 Rubiaceae

奇特植物。

# 红纸扇

茜草科 Rubiaceae
奇特植物

## **Mussaenda erythrophylla** Schum. et Thonn.

形态特征 半落叶灌木，高约 3m。叶对生，纸质，卵状椭圆形，长 5~11cm，宽 2~6cm，顶端渐尖，基部阔楔形，两面被棕红色柔毛；叶脉两面明显；叶柄被棕红色毛；托叶三角状披针形，被棕红色柔毛。聚伞房花序顶生，密被棕红色柔毛；花萼裂片 5 片，其中一片明显增大为血红色的花瓣状，卵形，纵脉 5~7 条；花冠金黄色，裂片 5 片，三角状卵形。花期夏季；果期秋季。

地理分布 原产西非。

生长环境 喜温暖湿润、排水良好、日照充足的环境。

养护要求 扦插繁殖。栽培以排水良好、富含腐殖质的壤土或砂质壤土为佳。土壤保持湿润，每月施肥 1 次。气温低于 10℃时产生落叶现象，低于 5℃时，则易受冻干枯死亡。

用　　途 增大的萼片血红色，花瓣状，花期极长，适合热带地区庭园造景或盆栽摆设。

# 海南玉叶金花

## **Mussaenda hainanensis** Merr.

形态特征 攀缘灌木，小枝密被锈色或灰色柔毛。叶对生，纸质，长圆状椭圆形或倒卵形，顶端短渐尖，基部楔形，叶面绿色，疏被柔毛，背面密被柔毛；聚伞花序顶生或生于上部叶腋；花萼片叶状，白色；花冠黄色，长 1.8~2.2cm，外面密被糙伏毛，冠管喉部密被棒状毛，裂片三角状卵形，内面密被黄色疣点。浆果椭圆形，被粗毛，成熟时黑色，顶侧有萼檐脱落后的环状疤痕。花期 3~6 月；果期 7~8 月。

地理分布 海南、广东。

生长环境 生于海拔 60~750m 的山地疏林或灌丛中。

养护要求 播种、扦插繁殖。宜植于山谷坡地。

用　　途 花萼片叶状，白色，花金黄色，适作花卉栽培。

茜草科 Rubiaceae
奇特植物

# 猴巴掌

## Ligularia japonica (Thunb.) Less.

形态特征 多年生草本，茎直立，高 50~100cm。丛生叶与茎下部叶具柄，叶片肾形，掌状 3~5 全裂，叶脉掌状；茎中上部叶较小，具短柄，鞘状抱茎；最上部叶无鞘，叶掌状分裂。头状花序辐射状，2~8 枚，排成伞房状花序；舌状花黄色，舌片长圆形，长 4~6.5cm；管状花多数，长约 2cm，檐部筒形，冠毛红褐色，与花冠管部等长。瘦果圆柱形，具纵肋。花果期 4~9 月。

地理分布 广东、江西、福建、浙江、湖北、台湾。朝鲜、日本、印度等。

生长环境 喜潮湿，常生于海拔 900~2 300m 的沟边、林缘和河滩等地。

养护要求 生性强健，栽培容易，管理粗放，耐水湿环境，不耐旱。

用　　途 园林观赏。

菊科 Compositae

奇特植物。

# 栌菊木

## Nouelia insignis Franch.

菊科 Compositae

国家二级重点保护野生植物（第二批，征求意见稿）。

IUCN 和《中国物种红色名录》未列入。

形态特征 落叶灌木或小乔木，高 3~5m。叶互生，长圆状披针形或椭圆形，长 8~26cm，宽 4~11cm，顶端急尖或钝尖，基部近圆形或阔楔形，上面绿色，下面密被灰白色绒毛，全缘，稀有疏小齿。头状花序生于小枝顶，单生，无梗，直径约 3cm；总苞钟状；总苞片多层，革质；花两性，白色。瘦果长椭圆形，被白色绢毛。花期 3~5 月；果期 9~10 月。

地理分布 四川、云南。

生长环境 生于海拔 900~2 800m 的河谷沿岸及沟谷、山坡的杂木灌丛中。

养护要求 播种、扦插繁殖。阳性树种，土壤为山地酸性黄壤。

濒危原因 过度砍伐和生态环境改变，是导致种群数量减少的主要原因。

用　　途 我国特有的单种属植物，是菊科中稀有的木本残遗种。对于研究我国菊科植物的系统发育与古植物区系等，有重要的科学价值。

# 紫扇花

## Scaevola aemula R. Br.

形态特征 多年生蔓性草本，植株高 15~45cm，全株密被细柔毛；茎红褐色或绿色。叶互生或丛生枝端，线状椭圆形或倒披针形，全缘或三浅裂。花腋生，花冠扇形，紫蓝色，由 5 片长椭圆形花瓣组成的半圆形花冠，犹如展开后的一把把折扇。花期春至夏季。

地理分布 原产澳大利亚。热带、亚热带地区多有栽培。

生长环境 喜生于半阴到全日照中等湿度环境。

养护要求 播种、扦插繁殖，适生于半阴到全日照中等湿度环境，花谢后减除残花，植株老化需强剪。夏季需通风凉爽越夏。在充分日照的环境下节间紧缩，开花茂盛，

用　　途 花姿奇特，花色艳紫，花期持久，有多个栽培种，适于花坛栽培或盆栽或吊盆栽培观赏，是一种颇受喜爱的草本花卉。

草海桐科 Goodeniaceae

奇特植物。

# 草海桐

草海桐科 Goodeniaceae

奇特植物

## Scaevola sericea Vahl

形态特征 直立灌木或小乔木。叶生于枝顶，倒卵形或匙形，长 12~20cm，宽 4~8cm，顶端圆钝，中部以下渐狭成一粗柄，边全缘，稀有不明显的钝齿，两面无毛或疏被短柔毛。花排成腋生、疏散的二歧聚伞花序；花冠白色，长 2~2.2cm；花冠管长 10~12mm，裂片披针形；花丝与花冠管等长或稍长，基部略宽，花药椭圆形，药隔顶端膨大，倒心形；柱头近倒心形。核果球形或卵形。花期：秋季。

地理分布 海南、广东、广西、福建、台湾。澳大利亚、菲律宾、马来西亚、印度尼西亚、日本。

生长环境 生于海边石砾砂土上。

养护要求 喜光照、耐盐碱，宜植于石砾砂土上。

用　　途 生长快，抗盐碱，可作海岸固砂防潮及园林绿化树种。

# 洋金花

茄科 Solanaceae
奇特植物

## Datura metel Linn.

形态特征 一年生草本，高 1.5~2m；全体近无毛。叶卵形或广卵形，先端渐尖，基部不对称圆形，边全缘或有不规则浅粗齿，长 5~13cm，宽 4~6cm。花单生叶腋，直立；花萼筒状；花冠长漏斗状，长 14~20cm，檐部直径 6~10cm，花冠管细长，向上扩大呈喇叭状，长达 14~17cm，白色、紫色或淡黄色。蒴果近球形，直径约 1.5~3 cm，表面的疏生短粗刺，具宿存浅盘状花萼。花果期 3~12 月。

地理分布 原产印度。热带及亚热带地区，温带地区普遍栽培；我国台湾、福建、广东、广西、云南、贵州等省区常见栽培并逸为野生。

生长环境 常生于山坡向阳处或草地、住宅旁等。

养护要求 喜光，喜高温湿润之亚热带气候，以排水透气较好、疏松、肥沃壤土为佳，忌积水。

用　　途 观花植物，全株有毒。叶、花、果实含莨菪碱和东莨菪碱，用作麻醉剂。

# 牛耳朵

## Chirita eburnea Hance

形态特征 多年生草本，具粗根状茎。叶基生，肉质；叶片卵形或狭卵形，顶端微尖或钝，基部渐狭或宽楔形，全缘，两面均被贴伏的短柔毛；叶柄扁，密被短柔毛。聚伞花序腋生，不分枝或一回分枝；苞片 2 枚，对生，卵形、宽卵形或圆卵形；花梗密被短柔毛及短腺毛；花萼 5 裂达基部，裂片狭披针形；花冠紫色或淡紫色，有时白色，喉部黄色，有 2 纵条毛与上唇 2 裂片相对。蒴果被短柔毛，条形。花期 4~7 月；果期 5~10 月。

地理分布 广东、广西、贵州、湖南、四川、湖北。

生长环境 生于石灰岩山地林中石缝或沟边岩壁。

养护要求 喜微酸、富含腐殖质、疏松而排水良好的壤土。耐寒性弱，高温强光时需遮阴。

用　　途 药用或盆栽观赏。

苦苣苔科 Gesneriaceae
奇特植物

# 烟叶唇柱苣苔

## Chirita heterotricha Merr.

形态特征　多年生草本，具根状茎。叶对生或簇生；叶片椭圆形或长椭圆形，顶端微尖，基部渐狭，下延成柄，边缘全缘或有不明显小齿，两面疏被柔毛；叶柄扁，被柔毛。花序腋生，不分枝或二至三回分枝；苞片对生，狭三角形至宽披针形，被柔毛。花萼 5 裂至基部，裂片线状披针形，外面疏被短柔毛和短腺毛；花冠淡紫色或白色，外面疏被短柔毛。蒴果线形，近无毛；种子褐色，纺锤形。花期 5~9 月；果期 5~10 月。

地理分布　海南。

生长环境　生于山谷林中或溪边石上。

养护要求　喜半阴、通风、湿润环境，要求富含腐殖质且排水良好的壤土。

用　　途　盆栽观赏。

苦苣苔科 Gesneriaceae

奇特植物。

# 小岩桐

## Gloxinia sylvatica (Kunth) Wiehler

形态特征　多年生肉质草本，宿根。株高 15~30cm，全株有细毛，成株能自地下横走茎生长多数幼株而成丛生状。叶对生，翠绿色，披针形或卵状披针形。花 1~2 朵腋生，花梗细长，花冠短圆筒状橙红色，外唇短反卷呈星形赤红色。花期 10 月到翌年 3 月。

地理分布　原产南美洲（秘鲁、玻利维亚）。我国有栽培。

生长环境　生于山谷林下。

养护要求　生性强健，性喜温暖高湿环境，要求土壤通气排水良好；冬季需在温暖避风处越冬。

用　　途　花朵绒质，珍雅奇丽，只要枝条成熟即能开花，次第开放，花期几乎全年，适合盆栽或作吊盆室内摆饰。

苦苣苔科 Gesneriaceae

奇特植物。

# 报春苣苔

## **Primulina tabacum** Hance

苦苣苔科 Gesneriaceae
国家一级重点保护野生植物。
据 IUCN 和《中国物种红色名录》的标准为极危种。

形态特征 多年生草本。叶均基生，有柄，叶片圆卵形，基部浅心形，边缘浅裂或浅波状，裂片三角形，两面被短柔毛，下面还有腺毛；叶柄两侧有波状翅。聚伞花序伞状，有 3~7 朵花，花冠紫色。花葶与叶等长或稍短，被柔毛及腺毛。蒴果长椭圆球形。种子暗紫色，有密集小乳头状突起。花期 8~10 月。
地理分布 现仅分布于广东连州和湖南永州。
生长环境 生于低海拔喀斯特岩洞口。
养护要求 栽培需用偏碱性腐殖质土，要求荫蔽，中湿度环境。
濒危原因 种子萌发率低，生境干旱和人类干扰。
用　　途 可作室内观赏植物，也可作消炎类药。

# 叉叶木

## **Crescentia alata** Kunth

形态特征 小乔木，高 3~6m。叶簇生于小枝上；叶柄长 4~10cm，具叶状阔翅；小叶 3 片，长圆状倒披针形至倒匙形，无柄，2 片侧生小叶长 2~6cm，宽 1~2cm，顶生小叶长 5~8cm，宽 1~2cm。花 1~2 朵生于小枝或老茎上；花萼裂片 2 片，淡紫色；花冠褐色，具有紫褐色脉纹，近钟状，具褶皱，长 5~7cm，喉部稍膨大，5 个裂片成五角形。果近球形，淡绿色。花期 5~8 月；果期 10~12 月。
地理分布 原产南美热带地区的墨西哥至哥斯达黎加。广东、海南、广西和云南等省有栽培。
生长环境 喜温暖、湿润的环境，适宜生长温度 21~30℃。对土壤要求不严。
养护要求 播种、扦插、压条繁殖。果实充分成熟时采收，取出种子晾干，次年 3~4 月播种。采用 1 年生嫩枝扦插有利于提高成活率。
用　　途 树姿优美，叶形像一个小小的十字架，花果着生于主干或老枝上。开花繁盛，果实经久不落，为珍贵的园林观赏植物。

紫葳科 Bignoniaceae
奇特植物。

# 火烧花

## **Mayodendron igneum** (Kurz) Kurz

形态特征 小乔木，高达 14m。叶为二回羽状复叶，长可达 60cm，小叶卵圆形至卵状披针形，纸质，长 7~12cm，宽可达 4cm，顶端渐尖全缘。总状花序着生于老茎或侧枝上；花冠橙黄色或金黄色。蒴果细长，长线形，长达 45cm，果皮革质；种子多而细小，扁平，两端具白色透明膜质翅。花期 2~5 月；果期 5~9 月。

地理分布 广东、广西、云南及台湾。缅甸、越南、老挝。

生长环境 生长于海拔 200~1 500m 山地林中。

养护要点 喜高温、高湿和阳光充足的环境，喜土层深厚、肥力中等、排水良好的中性至微酸性土壤，不耐盐碱。在干旱贫瘠土壤上生长缓慢。能耐干热和半阴，不耐寒冷，忌霜冻。

用　途 庭院观赏树及行道树；花可食用；用材树种。

紫葳科 Bignoniaceae

奇特植物。

# 吊瓜树

紫葳科 Bignoniaceae
奇特植物

## **Kigelia africana** (Lam.) Benth.

形态特征 乔木，高达 11m。奇数羽状复叶，小叶 7~9 片，近革质，长圆形或倒卵形，顶端急尖，基部楔形，全缘，叶面光滑，亮绿色，背面淡绿色，被微柔毛，羽状脉明显。圆锥花序，顶生，花序轴下垂，长 50~100cm；花萼钟状，革质；花冠深紫红色，花冠筒外面有纵肋。果下垂，圆柱形，长约 38cm，直径 12~15cm，坚硬，肥硕，不开裂。花期 7~11 月；果期翌年 5 月。

地理分布 原产热带非洲。广东、海南、福建、台湾、云南有栽培。

生长环境 适宜南亚热带至热带地区栽种。

养护要求 播种、扦插繁殖。在水肥条件好、土层深厚的土壤生长较好。

用　　途 园林绿化观赏。

# 蒜香藤

## **Pseudocalymma alliaceum** (Lam.) Sandwith

形态特征 常绿木质藤本，全株具浓烈的大蒜味，通常以卷须攀缘，枝条和卷须具灰色白皮孔。叶对生，二出复叶；小叶椭圆形，长 6~10cm，顶端渐尖，基部阔楔形，全缘，离基 3 出脉。聚伞花序腋生，花冠筒状，长约 5cm，顶端 5 裂，粉紫色至浅粉白色。蒴果细长而扁平。一年可开花数次。

地理分布 原产美洲热带。世界热带地区广泛栽培。

生长环境 生于山地林中。

养护要点 扦插繁殖。栽培用肥沃、疏松、排水良好的土壤为佳，需日照充足，每年的早春适度修剪利于开花。扦插于春、秋两季进行。

用　　途 优良的园林观赏花卉。可用于藤廊、花架立体绿化。

紫葳科 Bignoniaceae

奇特植物。

# 火焰树

## Spathodea campanulata P. Beauv.

形态特征 乔木，高达 10m。奇数羽状复叶，叶片椭圆形至倒卵形，顶端渐尖，基部圆形，全缘，背面脉上被柔毛，基部有 2~3 个腺体。总状花序伞房状，顶生，密集；花冠一侧膨大，基部紧缩成细筒状，上部近钟状，直径 5~6cm，长 5~10cm，橘红色，具紫红色斑点，内面有突起条纹，裂片 5 片，阔卵形，不等大，具纵褶纹，外面橘红色，内面桔黄色。蒴果黑褐色；种子具周翅，近圆形。花期 4~8 月。

地理分布 原产非洲。华南各地有引种。世界热带地区广泛栽培。

生长环境 喜温暖、湿润的环境。

养护要点 对水肥要求较高，适宜栽种于水肥条件较好的环境。

用　　途 树形优美，开花繁盛，盛花时如燃烧焰火，生长快，是优良的园林绿化树种。

紫葳科 Bignoniaceae

奇特植物

# 毛黄钟花

## **Tabebuia chrysantha** (Jacq.) Nichols.

形态特征 落叶灌木或小乔木，高3~12m。树皮灰色，鳞片状开裂；小枝被毛。掌状复叶，有小叶5片，偶有3片，卵状椭圆形，顶端尖，两面被毛。花喇叭状，花冠黄色，有红色条纹。花期较短，通常不及两周。

地理分布 原产南美洲。华南地区有栽培。

生长环境 生于热带山地雨林中。

养护要点 喜高温、高湿和阳光充足的环境。栽培要求土层深厚、肥沃、排水良好土壤，耐干旱，耐贫瘠。

用　　途 先花后叶，开花繁盛，季相明显，高档的庭园观赏树种。

紫葳科 Bignoniaceae

奇特植物。

# 紫绣球

## **Tabebuia rosea** (Bertol.) DC.

形态特征 乔木，高8~15m，树皮灰白色，有纵裂纹。掌状复叶，通常有小叶3~5片，小叶长椭圆形，革质，对生，全缘。伞房花序顶生，花冠初时浅紫红色，漏斗状，披短绒毛；老时变成浅粉红色或近白色。种子薄盘状、椭圆形，具2片透明阔翅。在华南地区每年有时开花两次，花期4~5月和10~12月。

地理分布 原产热带美洲。华南地区有栽培。

生长环境 生于林中。

养护要点 喜高温、高湿和阳光充足的环境。栽培要求土层深厚、肥沃、排水良好的土壤，能耐水湿，耐贫瘠土壤和一定低温，忌干旱。

用　　途 庭园绿化树种，供观赏。

紫葳科 Bignoniaceae

奇特植物。

# 老鼠簕

## **Acanthus ilicifolius** Linn.

形态特征 直立灌木，高2 m。茎粗状，圆柱形；托叶成刺状，叶柄短；叶对生，近革质，矩圆形，长6~14 cm，先端急尖，基部楔形，边缘具4~5波状浅裂或刺状利齿，两面无毛。顶生穗状花序长达8 cm；苞片宽卵形，早落；小苞片卵形，革质；花萼裂片4枚，外面2枚较大，宽卵形；花冠白色或淡蓝色，长3~4 cm，上唇退化，下唇倒卵形；雄蕊4枚；柱头2裂。蒴果椭圆形；内有1至4颗隐性胎生种子。花果期1~7月。

地理分布 海南、广东、广西、福建。亚洲南部至澳大利亚。

生长环境 生于海岸及潮汐能至的滨海湿地。

养护要求 胎生繁殖或采用分株和扦插繁殖。喜阳光充足和温暖气候，适宜种植于土质肥沃的浅水滨海湿地。

用　　途 为红树林的重要植物种类，对维护海岸生态安全有重要意义。具有一定的药用价值。

爵床科 Acanthaceae

奇特植物

# 红花山牵牛

## **Thunbergia coccinea** Wall.

形态特征 藤本。茎及枝条具9棱。叶柄有沟；叶片宽卵形至披针形，先端渐尖，基部圆形或心形，边缘波状或具疏离的大齿，具5~7条掌状脉。总状花序顶生或腋生，长可达40cm，下垂；苞片叶状，每苞片有花1~3朵；小苞片2，合生成佛焰苞状，花梗长3~4cm；花红色。蒴果无毛，下部球形，上部具长喙，开裂时酷似老鸦嘴巴。花期7~9月；果期9~11月。

地理分布 云南、西藏。印度及中南半岛北部。

生长环境 生于海拔800~1 000m山地林下或灌丛中。

养护要求 栽培需用腐殖质土，要求排水良好，性喜凉爽高湿度环境。

用　　途 红花山牵牛的花形奇特，色彩鲜艳，可与禾雀花类植物（Mucuna Adans.）媲美，具有极高观赏价值。根、叶、花供药用，治头晕头痛、胃肠炎、痢疾、外伤感染等。

爵床科 Acanthaceae

奇特植物

# 龙吐珠

## Clerodendrum thomsoniae Balf. f.

形态特征 攀缘状灌木，高可达 5m。叶片纸质，狭卵形或卵状长圆形，长 4~10cm，宽 1~4cm，顶端渐尖，基部近圆形，全缘，表面被小疣毛，背面近无毛，基脉 3 出。聚伞花序腋生或假顶生，二歧分枝；花萼白色，顶端 5 深裂，外被细毛；花冠深红色，外被细腺毛；雄蕊 4 枚，与花柱同伸出花冠外；柱头 2 浅裂。核果近球形，棕黑色；宿存花萼不增大，红紫色。花期 3~5 月。

地理分布 原产非洲热带。热带地区广泛栽培。

生长环境 喜生于热带高温高湿、阳光充足环境。

养护要点 扦插、分株繁殖。适宜土层深厚、排水良好及有机质丰富的中性至微酸性土壤，不耐盐碱。

用　　途 园艺观赏。

马鞭草科 Verbenaceae

奇特植物。

# 苦梓

## Gmelina hainanensis Oliv.

形态特征 落叶乔木，高达 16m，树皮常片状剥落。枝有明显的叶痕，幼时有黄色绒毛，老时无毛。叶宽卵形，长 5~15cm，宽 4~9cm，叶面绿色，背面浅灰白色。聚伞花序圆锥状，花萼钟状二唇形，顶端 5 裂，花冠宽漏斗状二唇形，外面白色，内面淡黄色或淡紫红色。核果倒卵形，长达 2cm。花期 5~6 月；果期 6~9 月。

地理分布 海南、广东。越南。

生长环境 生于热带季雨林丘陵山地。

养护要点 种子繁殖。播种前用温水浸种，催芽。

濒危原因 主要是过度砍伐及生境受到破坏等原因。

用　　途 贵重用材树种，可与柚木媲美。树形优美，是优良的园林观赏树种。

马鞭草科 Verbenaceae

国家二级重点保护野生植物。

按 IUCN 和《中国物种红色名录》的标准为濒危种。

# 海菜花

## Ottelia acuminata (Gagnep.) Dandy

水鳖科 Hydrocharitaceae
我国特有种。
国家二级重点保护野生植物。
据 IUCN 和《中国物种红色名录》的标准为濒危种。

形态特征 沉水草本。茎短。叶基生，叶形变化较大，线形，长椭圆形、披针形、卵形以及阔心形，先端钝，基部心形或少数渐狭，全缘或有细锯齿；叶柄长短因水深浅而异，柄上及叶背沿脉常具肉刺。花单生，雌雄异株；佛焰苞无翅，具 2~6 棱；雄佛焰苞内含 40~50 朵雄花，花梗长 4~10cm，萼片 3 枚，披针形；花瓣 3 枚，白色，基部黄色或深黄色，倒心形；雄蕊 9~12 枚，黄色，退化雄蕊 3 枚；雌佛焰苞内含 2~3 朵雌花，花梗短，花萼、花瓣与雄花的相似，花柱 3 枚，橙黄色，2 裂至基部，裂片线形。果为三棱状纺锤形，褐色。种子多数，无毛。花果期 5~10 月。

地理分布 广东、海南、广西、四川、贵州和云南。

生长环境 生于湖泊、池塘、沟渠及水田中。

养护要求 种子繁殖。宜种植于水质澄清，无污染，泥质和沙质湖床。

用　　途 美丽珍贵的水面观赏植物。全株有一定的药用价值。

# 松果凤梨

## Acanthostachys strobilacea (Schultes f.) Klotzsch

形态特征 多年生草本。叶片基生，绿色，圆而细长，长可达 50~80cm，质较软外曲，被白色鳞毛，叶片上部有两排密锯齿，叶端有刺。花穗似松树的球果，花序梗圆形，被白色鳞毛，苞片红色，边缘也具有密锯齿，顶端锐尖，被白色鳞毛；小花无柄，花瓣黄色。花期春、夏季，可长达数周。

地理分布 原产巴拉圭及其周边国家。

生长环境 生于热带丛林中。

养护要点 喜光，耐热耐旱，忌浸水，喜排水性及通透性良好的栽培基质。

用　　途 悬垂栽于树干上观赏，或盆栽摆饰。

凤梨科 Bromeliaceae
奇特植物。

# 象腿蕉

芭蕉科 Musaceae
奇特植物

## Ensete glaucum (Roxb.) Cheesman

形态特征 多年生宿根草本，假茎单生，高达 5m，黄绿色，密被白色蜡粉，基部远较上部为粗，呈坛状，不具匍匐茎。叶片长圆形，长约 1.6 m，宽约 60cm，顶端具尾尖，基部楔形，革质，绿色，全缘，幼叶叶缘略带粉红色；叶柄长约 40cm。花序初时呈莲座状，后伸长成柱状，长可达 2.5m，下垂；苞片绿色，宿存，每苞片内有花 2 列，约有花 10 余朵。浆果倒卵形，种子多数；种子球形，黑色，平滑。花期春季。

地理分布 云南。东南亚。

生长环境 生于海拔 800~1 100m 山地沟谷两旁的缓坡地带。

养护要点 适宜于肥沃、疏松、排水良好沙壤土中生长，喜光照充足、温暖、湿润的环境，露天越冬温度应在 5℃以上，忌霜冻和水涝。

用　　途 园林观赏。假茎可作猪饲料。

# 红花蕉

## Musa coccinea Andr.

形态特征 多年生丛生草本，假茎高 1~2m，茎粗 2~4cm，绿色，具紫褐色条纹。叶互生，革质，长圆形或长椭圆形，长 50~100cm，基部明显不对称；叶柄长 20~40cm。穗状花序直立，顶生，长达 30cm，苞片外面鲜红色，内面粉红色，顶端红绿色，皱折明显，每一苞片内有花一列，3~6 朵；雄花花被片乳黄色，合生花被片几等长。浆果长圆形，在序轴上斜向下垂，果柄长 3~4cm，果内种子极多。花期几乎全年。

地理分布 云南东南部；广东、广西常栽培。越南。

生长环境 散生于海拔 600m 以下的沟谷及水分条件良好的山坡上。

养护要点 要求土壤疏松，水肥条件较好；喜较荫蔽、阴凉湿润的环境；忌干旱和霜冻。

用　　途 插花的高级素材。庭园绿化。

芭蕉科 Musaceae
奇特植物

# 紫苞芭蕉

## **Musa ornata** Roxb.

形态特征 多年生丛生草本，假茎高 1~3m，其上部绿色，被蜡质白粉，有黑色斑纹。叶长椭圆形，长 70~130 cm，宽 25~35 cm，顶端截状；中脉背部紫红色；叶柄长 30~50cm，具沟槽。花序直立，长 30~40cm，花梗长 20~30cm。整个花序具苞片 60~80 片，苞片紫红色，尖端黄色，内有小花 3~5 朵，单列，淡黄至橙黄色。花期几乎全年，果实成熟时黄色。

地理分布 原产热带亚洲。华南地区有栽培。

生长环境 生长于山谷林下或溪边。

养护要点 在全光照至 50% 的荫蔽环境条件下均可生长良好。要求土壤有机质含量高，疏松、肥沃和排水良好，在生长季节和花期需水量比较大，忌干旱和霜冻。

用　　途 适合园林绿化观赏，可作高档切花材料。

芭蕉科 Musaceae

奇特植物

# 美叶芭蕉

## **Musa sumatrana** Becc.

形态特征 多年生丛生草本，假茎高 1.2~2.8m。叶互生，长椭圆形，长 1~1.3 m，宽 25~40 cm，叶面绿色，具血红色不规则斑饰，嫩叶叶背紫红色，成熟叶叶背深绿色；叶柄长 30~50cm，具沟槽，边缘深紫色。穗状花序，顶生，常向下弯曲。花序轴弯曲，长 60~100cm；单个花序苞片多达 100 片以上，苞片紫色；每一花苞内有花二列，每列各有花 3~5 朵，小花黄色。浆果，具种子多粒。花期几乎全年。

地理分布 东南亚热带地区。我国华南地区有栽培。

生长环境 生于沟谷林下或溪边。

养护要点 性喜高温，高湿、半荫蔽至全光照环境。土壤要求有机质含量高、疏松、肥沃和排水良好，在生长季节和花期需水量比较大，忌干旱和霜冻。

用　　途 庭园绿化美化、园艺观赏或切花。

芭蕉科 Musaceae

奇特植物

# 地涌金莲

芭蕉科 Musaceae
中国特有种。
按 IUCN 和《中国物种红色名录》的标准为易危种。

## **Musella lasiocarpa** (Franch.) C. Y. Wu ex H. W. Li

形态特征 多年生丛生草本，假茎低矮而粗壮，由叶鞘层层重叠，似螺旋状排列，基部膨大，直径 10~20cm，高约 0.8~1.1m。叶长椭圆形，长约 50cm，宽约 20cm，叶背有蜡质白粉；叶柄下部增大成一抱茎的叶鞘。花序直立，直接生于假茎上，密集如球穗状；苞片淡黄或黄色，干膜质，宿存，每一苞片内有花 2 列，下部苞片内的花为两性花或雌花，上部苞片内的花为雄花；雄蕊 5 枚；子房 3 室，胚珠多数。浆果。花期秋季至翌年春季。
地理分布 云南和四川。
生长环境 多生于海拔 1 500~2 000m 坡地。
养护要点 适宜于肥沃、疏松、排水良好的沙壤土中生长，喜光照充足、温暖、湿润的环境条件，露天越冬温度宜在 2℃以上，忌霜冻和水涝。
用　　途 园林观赏，庭院绿化；药用；饲用。

# 富红蝎尾蕉

## **Heliconia bourgaeana** Ptersen

形态特征 多年生常绿草本，植株高大，芭蕉型，株高 1.2~5.4m。叶全缘，紫红色，宽椭圆形，长 1.2~1.5cm，宽 30~50cm，新叶叶背通常具紫红色条纹或斑块，叶鞘和总苞片被少量蜡质白粉；叶柄长 40~70cm。花序直立，但由于花序大而重，故常弯曲甚至半下垂；花序轴呈红色或粉红色；苞片 6~17 片，红、粉红或深红色；花萼基部白色，顶部绿色；花梗和子房均为乳白色。花期几乎全年。
地理分布 夏威夷、佛罗里达、巴西和哥斯达黎加等。我国华南地区有栽培。
生长环境 生于热带雨林山谷疏林或林下。
养护要点 50% 的荫蔽度至全光照条件下均可生长。在广州地区可露天栽培，需水、需肥量比较大。在生长旺季，每月应追施复合肥 1 次；在开花前和开花期间，需充分供应水分和养分。
用　　途 单株花序花期达 3~4 个月。是优良园林造景植物，适用于山石水景配植或生产切花。

旅人蕉科 Strelit ziaceae
奇特植物。

# 粉鸟蝎尾蕉

## Heliconia collinsiana Griggs

形态特征 多年生常绿草本，植株高1.5~4.8m。茎秆、叶背、叶柄和苞片均被较厚的蜡质白粉。叶片长70~100cm，宽18~30cm，暗绿色，大多数叶的主脉有紫色条纹或斑块；叶柄粗壮，长10~50cm。花序下垂，花序轴上的苞片呈螺旋状排列成聚伞花序，苞片6~14片，深红至橙红色；花序轴上部红色，基部红黄至黄色；萼片黄色至橙黄或金色；子房黄色；花梗黄色至淡黄色，基部粉红色。花期7~12月。

地理分布 墨西哥至尼加拉瓜中部。我国华南地区有栽培。

生长环境 生于热带雨林山谷疏林或林下。

养护要点 全光照至50%的荫蔽度环境条件下可良好生长。但不耐寒，在广州冬季需移入暖房或温室越冬。

用　　途 园林绿化观赏或生产鲜切花。

旅人蕉科 Strelitziaceae

奇特植物

# 翠鸟蝎尾蕉

## Heliconia hirsuta 'Darrell'

形态特征 多年生丛生草本，植株姜型，高1.2~2.2m，径粗1~2cm，茎秆被蜡质白粉。叶片披针形，长20~38cm，宽6~15cm，褐绿色，薄革质，叶鞘边缘紫红色；叶柄极短或无。花序直立，顶生，小型，长7~13cm；花序轴绿色，呈“之”字形弯曲。苞片8~9片，基部为浅绿色，中部至顶端为深红色，每苞片内有花5~6朵，花朵筒状，萼片淡黄至黄色，远端绿色；花梗长10~22cm，浅绿色，有蜡质白粉。花期几乎全年。

地理分布 南太平洋部分岛屿。我国华南地区有栽培。

生长环境 生于热带雨林山谷疏林或林下。

养护要点 适宜在温暖、湿润和光照充足的环境条件下生长。对肥水条件要求比较高。忌干旱，耐寒力较强。在广州地区露天栽培可安全越冬。

用　　途 园林绿化、观赏。

旅人蕉科 Strelitziaceae

奇特植物

# 扇形蝎尾蕉

旅人蕉科 Strelitziaceae
奇特植物

## Heliconia librata Griggs

形态特征 多年生丛生草本，植株芭蕉型，高1.2~3m。叶片宽椭圆形，厚革质，全缘，长45~80cm，宽20~35cm。花序顶生，直立，长25~35cm，未完全展开时呈折扇形；总苞片长30~35cm，顶端具小剑叶，苞片11~18片，舟状，黄色，螺旋状排列成聚伞花序；花序轴黄色；萼片黄绿色；花被片呈长锥状；花瓣合生呈狭窄的筒状，基部浅黄白色，尖端呈淡绿色；花梗暗黄色。花期几乎全年。

地理分布 墨西哥至尼加拉瓜。我国华南地区有栽培。

生长环境 生于热带雨林山谷疏林或林下。

养护要点 全光照至40%的荫蔽条件下均可良好生长，对肥水需求较多。耐寒力强，在南亚热带地区露天栽培可安全越冬。

用　　途 切花、园林绿化、盆栽观赏。

旅人蕉科 Strelitziaceae
奇特植物

# 美女蝎尾蕉

## Heliconia psittacorum ‘Lady Di’

形态特征 多年生丛生草本，植株芭蕉型，假茎基部紫红色，叶鞘淡红色。叶片互生，长披针形或长椭圆形，长20~30cm，宽6~8cm，薄革质，光滑，全缘，叶缘紫红色。穗状花序，直立，顶生；花梗细长；花序轴稍弯曲，通常为红色、粉红色或浅粉红色；苞片舟形，5~8片，基部深红色，顶端紫红色；每苞内有花5~8朵，花管状，横截面为三角形；花萼淡黄色，末端具深绿色带，萼尖为白色。花期几乎全年。

地理分布 佛罗里达、夏威夷、巴巴多斯、哥斯达黎加。我国华南地区有栽培。

生长环境 生于热带雨林山谷疏林或林下。

养护要点 在40%荫蔽度至全光照条件下均可栽培。忌干旱，不耐瘠薄，不耐寒，生长适温20~30℃。在广州地区冬季应移入暖房或温室越冬。

用　　途 园林绿化、盆栽观赏、切花。

# 百合蝎尾蕉

## Heliconia psittacorum 'Lillian'

形态特征　多年生常绿草本，植株芭蕉型，高 0.8~1.7m，花梗上部、叶鞘和总苞片被少量蜡质白粉。叶片全缘，叶缘紫红色，顶端渐尖，长 25~42cm，宽 5~9cm，叶鞘具紫红色斑点。花梗长 25~30cm，花序顶生，直立，苞片 4~7 片，近轴部分粉红色，远轴部分红色，基部苞片顶端绿色；花序轴通常为粉红至浅红；花梗灰黄色或奶油色；花萼黄色，远端具蓝绿色带，萼尖为黄色。花期几乎全年。

地理分布　哥斯达黎加、圭亚那。我国华南地区有栽培。

生长环境　生于热带雨林山谷疏林或林下。

养护要点　在 30% 荫蔽度至全光照条件下均可栽培。忌干旱，不耐瘠薄，不耐寒，生长适温 20~30℃。在广州地区冬季应移入暖房或温室越冬。

用　　途　园林绿化，盆栽观赏，切花。

# 金嘴蝎尾蕉

## **Heliconia rostrata** Ruiz & Pavon

形态特征 多年生丛生草本，高 1~6m；具地下根茎，地上假茎细长，墨绿色，具紫褐色条纹。叶互生，直立，线状披针形或带状阔披针形。叶深绿色，革质，有光泽。顶生穗状花序自叶丛中抽出后下垂，花序"之"字形弯曲，长 30~50cm，有时可达 1m 以上；苞片 4~35 片；木质化的苞片互生，红色，边缘有黄绿色斑纹；舌状花两性，米黄色。花期几乎全年。

地理分布 秘鲁、厄瓜多尔。现热带地区广泛栽培。

生长环境 生于热带雨林山谷疏林或林下。

养护要点 性喜高温、湿润和充足的阳光，较耐半阴，土壤以富含有机质、肥沃的中性至弱酸性的壤土为宜。忌干旱，较耐湿，怕霜冻。生长适温 20~30℃，越冬温度不宜低于 3℃。

用　　途 花姿奇特、色泽艳丽，颇受人们喜爱，适合庭院种植观赏或生产鲜切花；亦是是高档插花的素材。

旅人蕉科 Strelitziaceae

奇特植物。

# 旅人蕉

旅人蕉科 Strelitziaceae
奇特植物

## **Ravenala madagascariensis** Sonn.

形态特征 多年生大型乔木状草本。叶2列，对称排列于茎秆顶端，呈折扇状；叶柄长，具木质化的叶鞘；叶片长椭圆形至长圆形。花序腋生，花序轴每边有佛焰苞5~6枚，内有花5~12朵，排成蝎尾状聚伞花序；花两性，略左右对称；萼片3片，离生，披针形，革质；花瓣3片，白色，侧生的2片萼片状，其中1枚较短；具发育雄蕊6枚，线形，分离；花柱与花被等长，柱头纺锤状。蒴果木质，开裂为3瓣；种子多数，肾形，具蓝或红色、流苏状的假种皮。

地理分布 非洲马达加斯加。现热带地区广泛栽培。

生长环境 生于热带干旱地区。

养护要点 喜温暖、阳光充足的环境。要求土壤疏松、肥沃，对养分需求较多。生长适温20~30℃。耐干旱；忌积水；忌霜冻。

用　　途 热带干旱地区的水源植物和沙漠边缘指示植物。用于庭园绿化观赏，或大型盆栽用以装饰厅堂。

# 大鹤望兰

## **Strelitzia nicolai** Regel & Koern

形态特征 多年生高大丛生草本；茎秆木质。叶二列，对称排列于茎顶端两侧，具长柄，叶片长圆形，革质，亮绿色，基部圆形，不对称。花序腋生，总花梗较叶柄为短，花序上通常有2~3枚大型的佛焰苞，绿色而染红棕色，舟状；每一个舟形苞片内有花9~13朵；萼片披针形，白色，箭头状花瓣天蓝色；雄蕊5枚，线形；花柱线形，柱头3裂。花期几乎全年。

地理分布 非洲。现热带地区广泛栽培。

生长环境 生于热带干旱地区。

养护要点 喜温暖湿润环境，要求土壤疏松、肥沃、排水良好，耐旱，不耐涝，能耐短期0℃以上低温。应选择背风处种植，以避免大风吹袭引起叶片横向裂开。开花期间，需水量较大，应及时浇水。

用　　途 适于庭园绿化观赏和作切花材料。

旅人蕉科 Strelitziaceae
奇特植物

# 鹤望兰

## Strelitzia reginae Aiton.

旅人蕉科 Strelitziaceae

奇特植物。

形态特征 多年生常绿草本；根茎粗大，肉质。单叶基生，两侧对称排列，叶似芭蕉，长椭圆形，革质且刚韧，排成扇状；叶柄较长，具沟槽，被蜡质白粉。穗状花序顶生或腋生，高于叶片；佛焰苞舟状，近水平生长，绿色，基部及上部边缘具暗红晕；苞内着生5~8朵花，依次开放；花萼深橘红；外3片花瓣为橘红或橙黄色；内3片花瓣天蓝色。果实为三棱形蒴果；种子长圆形，蓝紫色，3裂，具橙黄色撕裂状假种皮。花期几乎全年。

地理分布 非洲好望角。我国华南地区有栽培。

生长环境 生于海拔900m以上的高原和沿海平原。

养护要点 喜温暖、湿润和阳光充足的环境，怕霜冻。喜肥沃、深厚、腐殖质含量较高、排水良好的沙壤土，pH以6~7为宜。忌水涝。

用　　途 高档切花材料，也适于园林绿化观赏。

# 姜荷花

## Curcuma alismatifolia Gagnep.

形态特征 多年生草本；地下根茎纺锤形或圆球形。株高30~60cm，叶长椭圆形，中脉附近紫色。穗状花序，顶生，直立，花梗长60~80cm，粗约0.5cm；上部苞片阔卵形，不育，桃红色，顶端带绿色斑点，13~18片；下部苞片绿色，可育，与花序轴合生呈蜂窝状排列，7~11片；花4~6朵，生于苞片腋部，紫色；每朵小花有花瓣6片，内3片，外3片，交叉排列成唇形花冠，唇瓣紫色，中央漏斗状部位为黄色。花期6~10月。

地理分布 亚洲热带。我国部分地区有栽培。

生长环境 生于山谷林下。

养护要点 喜冬季温暖、夏季湿润的环境条件，不耐寒，抗旱力弱。生长初期宜半阴，生长旺盛期和开花期需充足阳光。土壤宜肥沃，保湿力强。

用　途 切花、盆栽、庭院栽植供观赏。

姜科 Zingiberaceae

奇特植物。

# 广西莪术

姜科 Zingiberaceae
奇特植物。

## **Curcuma kwangsiensis** S. G. Lee et C. F. Liang

形态特征 多年生草本。根茎卵球形，表面灰褐色，断面暗白色或微带淡奶黄色，具横纹状的节，节上有残存的褐色膜质叶鞘。叶基生，直立；叶片椭圆状披针形，两面密被粗柔毛，叶片中央有紫色带。穗状花序从根茎抽出，花序下部的苞片阔卵形，淡绿色；上部的苞片长圆形，斜向上，淡红色；花生于中部和下部的苞片腋内；花萼白色；唇瓣近圆形，淡黄色。花期 4~5 月或 7~8 月。
地理分布 广西和云南。
生长环境 生于山坡草地及灌木丛中。
养护要点 喜光照良好、土壤湿润和高温高湿的环境。生长适温 20~30℃。在种植前应施足腐熟有机肥作基肥，生长期一般每个月追施复合肥 1 次，冬季进入休眠状态，不宜浇水。
用　　途 切花或盆栽观赏，保持土壤湿润即可。

# 瓷玫瑰

姜科 Zingiberaceae
奇特植物。

## **Etlingera elatior** (Jack) R. M. Sm.

形态特征 多年生宿根草本。高 1~3m，在原产地株高可达 5m 以上；具地下根状茎，茎秆被叶鞘所包合。叶互生，二列，叶片绿色，光滑，有光泽，线形至椭圆形或椭圆状披针形，叶长 30~50cm。花序直接从地下根状茎上抽出，生于无叶的茎上，花葶高可达 1~2m，头状花序，呈圆锥形球果状，直径为 15~20cm；苞片粉红色，层层重叠，瓷质或蜡质，有光泽，似含苞待放的玫瑰，故名瓷玫瑰。花期 5~10 月。
地理分布 原产印度尼西亚、马来西亚和泰国；东南亚广泛栽培和归化。
生长环境 生于热带雨林林下。
养护要点 性喜高温、高湿和阳光充足的环境，生长适温 25~28℃，冬季最低气温应高于 15℃才能正常越冬。土壤以疏松、肥沃、通风透气、保水保肥力强的沙壤土为佳。生长初期宜半阴，生长盛期需充足的水分。
用　　途 园林观赏及高档切花。

# 舞花姜

## Globba racemosa Smith

形态特征 多年生宿根草本。根茎短而纤细；茎直立，基部膨大。叶 2 列，长圆形或卵状披针形，无柄或具短柄，两面无毛，顶端尾尖，基部急尖。圆锥花序顶生，下垂，长 15~20cm，苞片早落，小苞片长约 2mm；花黄色，各部均具橙色腺点；花萼管漏斗形，顶端具 3 齿；花冠管长约 1cm，裂片反折；侧生退化雄蕊披针形，与花冠裂片等长；唇瓣倒楔形，顶端 2 裂，反折，生于花丝基部稍上处。蒴果椭圆形，直径约 1cm，无疣状突起。花期 6~9 月。

地理分布 我国南部至西南部各省。亚洲热带与部分亚热带地区。

生长环境 生于海拔 400~1 300m 的林下阴湿处。

养护要点 喜温暖、潮湿的环境。适宜于半荫蔽、土壤疏松肥沃的环境条件下生长。忌高温、干旱和阳光直射。生长适温 18~25℃。

用　　途 形态奇特，花色金黄。其盛开的花朵犹如翩翩起舞的少女，婀娜多姿。适合室内盆栽观赏或作切花材料。

姜科 Zingiberaceae

奇特植物

# 红姜花

## Hedychium coccineum Smith

形态特征 多年生草本，高 1~2m。叶片长披针形，两面无毛，无柄或近无柄，顶端尾尖，基部渐狭或近圆形，两面均无毛。穗状花序顶生，圆柱形，长 15~25cm，直径 10~15cm，花序轴粗壮，无毛或被稀疏的长柔毛；苞片革质，长圆形，急尖或钝，顶端被疏柔毛，稀无毛，内有 3 朵花；花红色，花萼长 2.5cm，具 3 齿，顶端被疏柔毛；花冠管较萼稍长，裂片线形，反折，长约 3cm；侧生退化雄蕊披针形；唇瓣圆形，深 2 裂，基部具瓣柄。蒴果球形；假种皮红色。花期 6~8 月。

地理分布 云南、广西和西藏。东南亚。现欧洲有栽培。

生长环境 生于海拔 900~1 400m 的常绿阔叶林中。

养护要点 喜温暖、湿润、阳光充足的生境，忌干旱、水涝和霜冻。土壤以有机质含量丰富的、微酸性的砂质壤土为佳。

用　　途 园林观赏或作切花。

姜科 Zingiberaceae

奇特植物。

# 圆瓣姜花

## Hedychium forrestii Diels

形态特征 多年生草本，高 1~2m。叶片长圆形，披针形或长圆状披针形，顶端具尾尖，基部渐狭，两面均无毛；无柄或具短柄。穗状花序圆柱形，顶生；花序轴被短柔毛；苞片长圆形，边内卷，被疏柔毛，每一苞片内有花 2~3 朵；花白色，芳香，花萼管较苞片短，花冠管长 4~6cm，裂片线形，长 3~4cm；侧生退化雄蕊长圆形；唇瓣圆形，约 3cm，顶端 2 裂，基部收缩呈瓣柄。蒴果卵状长圆形，易开裂；种子红色，外被红色假种皮。花期 8~10 月；果期 10~12 月。

地理分布 西藏、四川、云南、贵州和广西。

生长环境 生于海拔 200~900m 的山谷密林或疏林和灌丛中。

养护要点 喜温暖、湿润和半阴环境。种植前需施足基肥，生长期宜经常保持土壤湿润，冬季休眠期须稍干燥。花芽分化期追施磷、钾肥，可促使花色艳丽，花期延长。

用　　途 园林绿化观赏。

姜科 Zingiberaceae

奇特植物。

# 疏花草果药

姜科 Zingiberaceae
奇特植物。

## Hedychium spicatum var. acuminatum (Rosc.) Wallich

形态特征 多年生草本，高 0.7~1.2m。叶片长圆形或长圆形披针形。穗状花序，排列疏松；苞片长圆形，每一苞片内有花 1 朵；花芳香，白色；侧生退化雄蕊基部紫红色；唇瓣倒卵形，2 深裂，具瓣柄，基部紫红色；花丝较唇瓣短，紫红色，花药紫红色。蒴果扁球形。花期 6~8 月；果期 9~11 月。
地理分布 云南、西藏。不丹、印度、尼泊尔、锡金。
生长环境 生于海拔 1 700~3 200m 的林缘或路旁。
养护要求 栽培需用腐殖质土，要求排水良好，性喜凉爽高湿度环境。
用　　途 疏花草果药的花芳香，株型清秀，可用于盆栽或切花，供观赏。

# 海南三七

姜科 Zingiberaceae
奇特植物。

## Kaempferia rotunda Linn.

形态特征 根茎块状，根粗。叶片长椭圆形，叶面淡绿色，中脉两侧深绿色，叶背紫色；叶柄短，槽状。先花后叶，头状花序有花 4~6 朵，春季自根茎抽出；苞片紫褐色，一侧开裂；花冠管约与萼管等长，花冠裂片线形，白色，花时平展，侧生退化雄蕊披针形，白色，顶端急尖，直立，稍重叠；唇瓣蓝紫色，近圆形，深 2 裂至中部以下成 2 裂片，顶端急尖，下垂。花期 4 月。
地理分布 云南、广西、广东和台湾。亚洲南部至东南部。
生长环境 热带草地向阳处。
养护要点 要求高温、湿润和阳光充足的环境。适于排水良好、腐殖质丰富和疏松的砂质壤土中生长。
用　　途 花美丽、芳香，可供观赏；药用可治跌打损伤。

# 喙花姜

## Rhynchanthus beesianus W. W. Smith

形态特征　多年生草本，高 50~150cm。根状茎肉质。叶片椭圆状长圆形，长 15~30cm，宽 4.5~9cm，顶端尾状渐尖，基部宽楔形或圆形。穗状花序顶生，直立；苞片线状披针形，长 3~5cm，紫红色；花黄色，花萼管长 2.5~3cm，红色；花冠管长约 2cm，裂片卵状披针形；无侧生退化雄蕊及唇瓣；花丝突出于花冠之外，舟状，长 4.5cm。

地理分布　云南。

生长环境　生于海拔 1 500~1 900m 的灌丛、草地或附生在密林中乔木上。

养护要求　性喜凉爽高湿度环境。栽培需用富含腐殖质土壤，要求排水良好。

用　　途　花形奇特，色彩鲜艳，是高档鲜切花材料，也可用于盆栽，供观赏。

# 红球姜

## Zingiber zerumbet (Linn.) Smith

形态特征 多年生草本，高 1~2m。根茎块状，内部淡黄色；叶片披针形至长圆状披针形，全缘，无毛或背面被疏长柔毛；无柄或具短柄。总花梗被 5~7 枚鳞片状鞘；花序球果状，顶端钝，长 6~15cm，宽 3~5cm；苞片覆瓦状排列，紧密，近圆形，初时淡绿色，后慢慢变成红色，边缘膜质，被小柔毛，内常贮有黏液；花萼长 1~2cm，膜质，一侧开裂；花冠管纤细，裂片披针形，淡黄色，后方的 1 片长；唇瓣淡黄色，中央裂片近圆形或近倒卵形，顶端 2 裂。蒴果椭圆形；种子黑色。花期 6~10 月。

地理分布 广东、广西、云南。广布于亚洲热带地区。

生长环境 山谷林下。

养护要点 喜高湿和半阴环境；喜肥沃的沙壤土；忌暴晒；耐高温高湿，不耐干旱。

用　　途 花形奇特，适于庭园绿化或盆栽观赏；也用于生产鲜切花。地下根茎药用，可祛风解毒，治腹痛腹泻；根茎可提取芳香油作调合香精原料；嫩茎叶可作蔬菜。

姜科 Zingiberaceae

奇特植物

# 水竹芋

## Thalia dealbata J. Fraser

形态特征 多年生常绿水生植物，株高 1~2m，丛生。全株被蜡质白粉。具地下根茎，根出叶，叶鞘抱茎，茎直立，不分枝。叶片长 40~50cm，宽 20~30cm，灰绿色，长卵形或披针形，顶端急尖，全缘；叶柄长 0.6~1m。穗状圆锥花序，顶生，直立；花梗细长，长 80~220cm，灰绿色；花序蓝绿色，蜡质；总苞片淡黄色，边缘及顶端呈紫红色，易脱落；花多数，小花深紫红色，苞片粉白色；6 片花瓣合生呈细管状。种子黑色，直径 3~5mm。花期几乎全年。

地理分布 原产中、南美洲热带地区。我国南方地区有栽培。

生长环境 高温高湿的热带雨林下或沼泽地。

养护要点 在半荫蔽至全光照环境生长良好，生长适温 18~32℃。能耐短时低温霜冻，适宜于浅水中栽培。

用　　途 营造水景，或室内水培观赏。

竹芋科 Marantaceae

奇特植物

# 鬼切芦荟

## Aloe marlothii A.Berger

形态特征 多年生常绿肉质草本，高可达 2.5m。茎粗壮。叶肥厚，互生，集生于茎上部，带状披针形，深绿色，内凹，被白粉，叶缘具齿，下面具不规则的刺。花序梗多斜向分枝，粗壮，近圆柱形，有棱，总状花序长圆柱形，花多数，密生，不规则，未开时平展，绽开后下垂；花被片橙红色至黄色。
地理分布 原产南非。
生长环境 生于开阔的矮灌木稀树草原和岩石上。
养护要点 喜光，耐干旱，也耐半阴。
用　　途 适合布置厅堂及庭园。

百合科 Liliaceae
奇特植物

# 七叶一枝花

## Paris polyphylla Smith

形态特征 多年生草本，株高 30~80cm。根状茎肥厚，茎经常带紫色，被白粉。叶 5~7 片，轮生茎顶，叶长圆形或倒卵状披针形；叶柄长 1~3cm。花黄绿色，花梗长可达 50cm，自轮生叶中抽出，外轮花被绿色，卵状披针形，内轮花被片线形，花丝状。雄蕊两轮，雌蕊在基部合生并膨大。蒴果。花期春、夏季。
地理分布 华南及西南各地。不丹、锡金、尼泊尔、越南等地。
生长环境 常生于山坡林下及灌木丛中。
养护要点 适宜肥沃砂质壤土。性喜凉爽及阴湿环境，忌强阳光照射。
用　　途 著名的传统中药。植株优美，花叶奇特，可盆栽观赏。

延龄草科 Trilliaceae
奇特植物

# 梭鱼草

## **Pontederia cordata** Linn.

形态特征 多年生挺水或湿生草本，高 30~200cm；地上茎丛生。叶面光滑，披针形至倒卵形，基部心形，端部渐尖，下部抱生，具膜质边缘；叶具长柄，叶柄绿色，圆筒形，横切断面具膜质物。穗状花序，花序顶生，着生多数紫色小花，花被裂片 6 片，呈覆瓦状排列，裂片基部连接为筒状，其中一裂片中间具淡黄绿色斑点，花葶直立。果实初期绿色，成熟后褐色。花期 4~10 月。

地理分布 原产美洲热带。我国南方有栽培。

生长环境 静水及水流缓慢的水域。

养护要点 喜温暖湿润、光照充足环境，怕风不耐寒。

用　　途 优良的水生观赏花卉，适于水池、湿地及河塘美化。

雨久花科 Pontederiaceae

奇特植物。

# 疣柄磨芋

## **Amorphophallus virosus** N. E. Brown

形态特征 多年生草本。块茎扁球形，顶部下凹，底部圆凸，褐色；根肉质，银白色，有须根。鳞叶 2 片，披针形。叶柄随块茎的年龄增长而增长、增粗，绿色与淡绿色斑点相间。叶片绿色，背亮绿，3 全裂，裂片再 2~4 次二歧分裂或羽状分裂，侧脉明显，在近边缘连成集合脉。花序柄粗短，圆柱形，具小疣，粗糙，被柔毛。肉穗花序与佛焰苞近等长。果序柄亮褐色，圆柱形，具不明显的 3 棱，无毛，浆果椭圆状。花期 4~5 月；果期 10~11 月。

地理分布 云南、广西、广东。越南、泰国。

生长环境 生于海拔 180~780m 的河谷草坡、灌丛或疏林下。

养护要点 喜高温高湿，喜半阴，不耐寒，忌强光照射，喜疏松肥沃、排水良好的土壤。

用　　途 宜植于庭园稍荫处、棚架或画廊之下供观赏，或盆栽摆饰。

天南星科 Araceae

奇特植物。

# 狭叶香蒲

## Typha angustifolia Linn.

形态特征 多年生草本，高 0.5~3m。茎圆柱状，直立。叶线形，上部扁平，背面下部稍隆起，光滑无毛；叶鞘常具有叶耳，下部筒状抱茎，具膜质边缘。花顶生，序和雄花序分离，上部较细为雄花，下部较粗为雌花，授粉后膨大呈绵毛状，形似蜡烛，雄花部分干枯脱落。果序圆柱形。花果期 5~8 月。

地理分布 全国各地。尼泊尔、印度、巴基斯坦、日本、俄罗斯、欧洲、美洲及大洋洲。

生长环境 生于池塘、河滩、渠旁等。

生长习性 喜温暖湿润，较耐寒。对土壤要求不严，以含丰富有机质的塘泥最好。

用　　途 园林上布置水池、湖畔，可构筑水景或盆栽摆饰。

香蒲科 Typhaceae

奇特植物

# 百子莲

## Agapanthus africanus (L.) Hoffmanns.

形态特征 多年生草本。根系发达，根状茎肉质。叶自鳞茎生出，全部基生，排成两列，带形或披针形，浓绿色，有光泽。花茎粗壮，直立，高可达 1m；伞形花序有花 50 朵或更多，花被片 6 片，在基部合生，联合成漏斗状；花蓝紫色，每裂片顶端有黄色小尖头，且中脉部分颜色较淡；雄蕊 6 枚，着生在花被管的喉部。蒴果。花期 4~8 月。

地理分布 原产非洲。热带地区多有栽培。

生长环境 生于山地林中。

养护要点 喜温暖湿润气候，喜半阴，不耐寒冷和干旱。在半阴和全光照处生长良好，忌强阳光直射，夏季忌高温潮湿。

用　　途 适宜布置花坛、花径，或盆栽室内装饰美化。

石蒜科 Amaryllidaceae

奇特植物

# 红花文殊兰

## Crinum × amabile Donn

形态特征 多年生常绿草本，株高 80~130cm，具紫红色圆柱形鳞茎。叶呈莲座状生长，宽带状长披针形，纸质，绿色，叶缘波状，基部抱生，平行脉不明显。花葶自鳞茎中抽出，伞形花序，由多数小花组成；花梗扁圆形，淡紫红色；花被筒暗紫色，花瓣 5 片，长条形，红色，边缘有白色或淡紫红色的宽条纹，具芳香。花期夏至秋季。

地理分布 原产印度尼西亚。热带地区广泛栽培。

生长环境 生于海岸地带。

养护要点 喜高温湿润；生性极强健，耐旱耐湿，也耐阴；全光照、半阴照处均能成长；对土质选择性不严，以湿润、肥沃的砂质土或壤土最佳。

用　　途 株形优美，花色秀丽脱俗，是高级花材。适合庭园绿化观赏或盆栽摆饰。

石蒜科 Amaryllidaceae

奇特植物。

# 网球花

## Haemanthus multiflorus Martyn

形态特征 多年生草本，植株高 30~60cm。鳞茎肥大扁球形。叶 3~5 片自鳞茎上部的矮茎生出；叶片椭圆形至矩圆形，顶端渐尖，基部渐狭，边全缘；叶柄基部呈鞘状。花葶通常先叶抽出，粗壮，绿中带紫色斑点；伞形花序多花，小花密集，放射状排列呈球形；花深红色，有短的花被管，花瓣 6 片，细线形，雄蕊凸出花冠外。浆果鲜红色；种子球形。花期春至夏季。

地理分布 原产非洲热带。世界热带地区多有栽培；我国南方有栽培。

生长环境 生于干旱至半干旱地区。

养护要点 喜高温湿润环境，耐半阴，不耐寒，耐干旱，栽培土质以疏松、富含腐殖质和排水良好的微酸性砂质壤土为宜。

用　　途 花姿奇特雅致，适于庭园美化、布置花坛或盆栽；鳞茎外用，可治肿毒。

石蒜科 Amaryllidaceae

奇特植物。

# 巴西鸢尾

鸢尾科 Iridaceae
奇特植物。

## Neomarica gracilis (Herb. et Hook.) T. Sprague

形态特征 多年生常绿草本，丛生，高 30~40cm。叶带状剑形，绿色，光滑，自短茎抽生，叶基扁平，叶缘全缘。花茎扁平，高 20~40cm，形态与叶片极为相似，绿色，上部有分枝，花后能着生幼株，垂下地后发根生长；花从苞片中生出，花被裂片 6 片，两轮排列，外轮花被白色，长椭圆形，内轮花被倒卵形反卷，较短，蓝紫色，有白色花纹。花期 3~4 月。

地理分布 原产巴西。热带地区广泛栽培。

生长环境 生于水边湿地及林缘。

养护要点 喜高温多湿，耐阴；冬季应保温避风，栽培土质以排水良好、肥沃的壤土或腐殖质土为佳。

用　　途 适于庭院美化、盆栽。

# 龟甲龙

## Dioscorea elephantipes (L'Hér.) Engl.

形态特征 多年生宿根肉质植物。块茎球形，裸露地面，暗灰色，表面很厚，龟裂呈多边形瘤块，瘤块上有许多同心的多边形皱纹，酷似龟甲，是典型的茎干状多肉植物；茎顶抽出细而长、缠绕的蔓生茎。单叶互生，心形或肾形，质薄，亮绿色，具网状叶脉。总状花序，雌雄异株；黄绿色的花很小。

地理分布 原产于南非；我国南方有栽培。

生长环境 生于干旱地区。

养护要点 宜温暖、干燥和阳光充足的环境，是“冬型种”植物，夏季休眠时应置于通风凉爽处，并偶尔少量喷水。

用　　途 块茎龟甲状，甚为奇特，适于盆栽观赏，或用于棚架、栅栏等的垂直绿化。

薯蓣科 Dioscoreaceae
奇特植物。

# 长叶旱生草

## Lomandra longifolia Labill.

形态特征　多年生丛生草本，植株高达 1.4m。叶片平坦，带状，灰绿色，长可达 1.2m，宽 1.3cm。花序长 50cm，淡黄色。萼片光滑，薄纸质，褐色。花瓣肉质，淡黄色。花期 3~5 月；果期 6~8 月。
地理分布　原产澳大利亚。广州有栽培。
生长环境　生于山坡、荒野、疏林下。
养护要点　分株、播种繁殖。喜光，耐干旱，喜阳光充足或半阴环境，在肥沃、疏松、排水良好的土壤生长良好。
用　　途　园林观赏；叶片可作编织。

禾木胶科 Xanthorrhoeaceae
奇特植物

# 黑子树

## Xanthorrhoea australis R. Br.

形态特征　乔木，植株高可达 7m。树干粗壮，黑色，具横纹，通常在上部分枝，有明显叶痕。叶密生于枝条的顶部，呈散射状；叶片线形，长 50~150cm，革质，灰绿色，截面呈四边形。穗状花序长达 2m 以上；花小，多数；花瓣 5 片，白色，细线形。花期 4~5 月；果期 7~10 月。
地理分布　原产澳大利亚。我国台湾、福建、广东等地有栽培。
生长环境　生于干燥沙土上。
养护要点　喜半阴，喜温暖至高温湿润气候，不耐寒，栽培土质须为富含有机质和排水良好的砂质土。
用　　途　本种树形俊美英气，细线形的叶柔中带刚，是珍贵的庭园观赏树。

禾木胶科 Xanthorrhoeaceae
奇特植物

# 海南龙血树

## **Dracaena cambodiana** Pierre ex Gagnep.

龙舌兰科 Agavaceae
国家二级重点保护野生植物。
按 IUCN 和《中国物种红色名录》的标准为易危种。

形态特征 常绿乔木状。基部有若干分枝，分枝弯曲，褐色，幼枝有环状叶痕。叶簇生于分枝的顶端，线状披针形，细长下垂状，叶片柔韧且近革质，浓绿富有光泽，互相套叠，基部抱茎，无柄。圆锥花序顶生，大型，花序轴无毛或近无毛，小花乳白色，3~7 朵簇生，芳香；花被片 6 片，下部合生为花被管。浆果圆球形，红色。花期春至夏季；果期秋季。
地理分布 海南、广西。越南、柬埔寨。
生长环境 生于背风区的干燥沙土上。
养护要点 喜阳光充足、高温多湿气候，极耐干旱，不耐寒，忌积水，栽培以肥沃和排水良好的砂质土为宜。
用 途 药用，茎秆分泌的红色树脂，可提取“血竭”，有止血、活血、生肌、行气之效。树姿美观，富热带色彩，在庭园绿化中可群植于草地一隅、园径两侧和建筑物前作点缀。

# 剑叶龙血树

## **Dracaena cochinchinensis** (Lour.) S. C. Chen

龙舌兰科 Agavaceae
国家二级重点保护野生植物。
按 IUCN 和《中国物种红色名录》的标准为易危种。

形态特征 常绿乔木状，植株高 5~15m。树冠伞状，树皮灰白色，光滑，老时灰褐色，片状剥落。茎木质，粗大，多分枝，幼枝有环状叶痕。叶聚生茎顶，略成螺旋状排列，互相套叠，基部抱茎，叶片剑形，薄革质，有光泽，无柄，枝顶带红色。圆锥花序大型，花序轴密生乳头状腺毛，小花乳白色，2~5 朵簇生，花被片基部合生。浆果近球形，橘黄色。花期春季。
地理分布 广西、云南。越南、老挝。
生长环境 生于石灰岩山上。
养护要点 喜光，不耐荫蔽，极耐旱，栽培以肥沃和排水良好的砂质土为宜。
用 途 茎干分泌的红色树脂，可提取“血竭”，是治疗跌打损伤的良药。枝叶婆娑，能适应石隙生境，可作庭园观赏及石山绿化植物。

# 羊角兰

## **Sansevieria cylindrica** Bojer

形态特征　多年生常绿草本。无地上茎，具短缩、肉质粗大的地下根茎。叶从根茎萌出，丛生，叶形似羊角；肉质叶细圆棒状或稍扁，暗绿色，顶端细尖稍弯，质硬，具灰绿色虎斑环纹；叶面有纵向浅凹槽沟，叶长70~80cm。总状花序，侧生，小花白色，具香味。花期12月至翌年1月。

地理分布　原产非洲热带。我国华南地区有栽培。

生长环境　生于干旱沙漠上。

养护要点　喜温暖、阳光充足环境，又耐半阴、耐干旱，不耐寒，适生于排水良好的沙壤土。

用　　途　本种植株奇特，为常见的室内观叶植物，适合布置装饰书房、客厅、办公室，可供较长时间欣赏。

龙舌兰科 Agavaceae

奇特植物。

# 香花棕

## **Allagoptera pumila** Nees

形态特征　几无茎，单生或丛生，无刺，自然高1.5~2m。叶从基部生出，羽状全裂，长1.2~1.5m；弯成拱形；羽片众多密生，生于叶轴两侧，上面鲜绿色，有腊质，背面灰白；叶柄基部40~50cm处生有羽片束，每束有6~9片，羽片不完全排列在一平面上，叶缘基部反卷，中脉明显。雌雄同株；花序腋生，长42~63cm或更长，花梗扁，雄花有雄蕊10~16枚。果长椭圆形，褐色、密生，有羊毛状褐色鳞片。

地理分布　原产巴西、巴拉圭等地。广州有栽培。

生长环境　生于海岸沙石地。

养护要点　苗期需半阴，成苗期要求充足阳光，在通透的林下也可栽培。

用　　途　果肉可食用并可用于酿酒。

棕榈科 Arecaceae

奇特植物。

# 大果直叶榈

棕榈科 Arecaceae

奇特植物。

## **Attalea macrocarpa** (H. Karst.) Wess. Boer

形态特征　茎单生，高 15~20m，胸径达 68cm。叶大型羽状，长 9~11m，宽 2.5m 以上，每片叶有羽片 196~225 对，羽片对生在一平面上排列。叶柄粗壮坚硬，树干基部常覆盖老叶。肉穗花序腋生，花单性，雌雄同株异序，偶有同序，花黄色；花苞长 2.48m 以上，宽 30cm 上，花穗长 2~2.3m。种子长约 4.5 cm，宽 3.2cm，阔卵圆形，灰褐色。

地理分布　原产美洲热带。广州有栽培。

生长环境　生于阳光充足、高温高湿的热带环境。

养护要点　播种繁殖，小苗高约 1m 时定植于土质疏松肥沃的土壤中。抗风，较耐寒，能耐 1~3℃，适宜于华南地区种植。

用　　途　种子可榨油食用或工业用；果可作蜜饯；叶供盖茅屋；嫩叶可作蔬食，编织帽篮等日用工艺品。常用于行道树，雄伟气派，在公路旁形成拱廊，是极具特色的园景树种。

# 胃状桃榈

棕榈科 Arecaceae
奇特植物。

## Bactris militaris H. E. Moore

形态特征 茎干单生、丛生或矮生，株高可达 15~20m，直径 12~18 cm，全株被满尖黑刺，刺长短不一，叶片脱落后叶基处会留有一圈圈环纹；有蘖芽自根部生出。叶羽状，整齐或不整齐深裂；叶柄及叶鞘、羽片均有刺。雌雄同株；佛焰苞多刺，花淡黄色。果卵形或球形，红色，长约 3cm，因其果实形似桃子而打开果实的种子形状似胃，故有此名。

地理分布 原产巴西、哥伦比亚等国。广州有引种。

生长环境 热带雨林林下温暖、半阴和湿润的环境。

养护要点 播种、分蘖繁殖。种子容易失去发芽力。在播种后需经 2 个月或更长时间发芽。幼苗喜欢荫蔽环境，成苗需要阳光，喜生长于较潮湿地带。

用　途 顶芽可作为蔬菜食用，果实可煮食，还可用于酿制棕榈酒。

棕榈科 Arecaceae
国家二级重点保护野生植物。
按 IUCN 和《中国物种红色名录》的标准为易危种。

# 董棕

## Caryota obtusa Griff.

形态特征 常绿乔木，茎单生粗壮，高达 20m 以上，胸径 54~80cm，树干中下部常膨大如瓶状，具明显的环状叶痕。叶二回羽状，长 5~8m，宽 2~4m，而整片叶则从主轴两侧水平开展似鸟翼。叶柄、叶鞘及叶轴上被有黑褐色糠秕状鳞片，两面绿色，薄草质；通常在次轴上平展下垂。雌雄同株；花序长达 3m；雄花的雄蕊 64~80 枚。果球形，内有种子 2 粒；种子扁圆形，棕褐色。

地理分布 云南、广西及西藏。印度阿萨姆、泰国。

生长环境 生于海拔 200~2 450m 的温暖多雨的山地林中。

养护要点 播种繁殖。苗期需要半阴，湿度 80%。成苗后需要充足阳光和水分，土壤要求肥沃且排水良好。

濒危原因 过度开发利用，导致种群数量减少是濒危的主要原因。

用　途 树干髓部可提取淀粉食用；木质坚硬可作特殊用材；叶鞘的纤维坚韧可制棕绳；树形优美，是热带地区绿化、美化环境的观赏树种。

# 大果肖肯棕

棕榈科 Arecaceae
奇特植物。

## Chambeyronia macrocarpa Vieill.

形态特征 茎单生，高达 20m 以上，胸径 4.5cm。叶羽状，长 1.4m，下弯拱；羽片排列整齐，宽 7.6~10cm，末端钝，叶脉粗壮，嫩叶常呈深紫红色，成长叶两面绿色，有光泽。雌雄同株；花序生于冠茎下，长 90cm，有分枝，花多数。果卵状椭圆形，长 5.8~6cm，宽约 3cm，顶部钝尖，成熟时深红色；种子长卵圆形，长 3.5cm，宽 2cm，从顶部稍弯的钝喙部至基部有一条宽 3~4mm 的吻带，表面网络状，粘附棕褐色秕糠状物。
地理分布 原产新喀里多尼亚和澳大利亚。广州有栽培。
生长环境 生于海拔 1 000m 以下的热带雨林中。
养护要点 喜生于全光照与半阴、温暖多湿环境，要求排水良好的土壤。
用　　途 新叶初发时猩红色，十多天后转为绿色，为优美的观赏树种。

棕榈科 Arecaceae
国家二级重点保护野生植物。
海南特有种
按 IUCN 和《中国物种红色名录》的标准为濒危种。

# 琼棕

## Chuniophoenix hainanensis Burr.

形态特征 丛生灌木状，高达 3m 以上，直径 4~6cm；茎灰褐色，有环纹，常萌生烟斗状上举蘖芽。叶掌状深裂，不规整；侧边光滑无刺，亦无附属纤维；叶鞘包茎，有紫褐色纵条纹，老时灰褐色。雌雄同株，通常单性发育；花序生于叶腋间，多分枝而下弯，结实后果穗稍伸长。果球形，外果皮薄革质，成熟时鲜红色；种子球形；胚乳嚼烂状；胚基生。花期 4 月；果期 9~10 月。
地理分布 海南。
生长环境 生于海拔 600~800m 的山地季雨林或沟谷雨林下。
养护要点 播种、分株繁殖，播种需用细砂层积 2~3 周催芽，发芽出子叶后移栽至半阴环境。栽培要求高温及相对湿度 85% 以上环境。
濒危原因 分布狭窄，环境破坏，导致种群数量减少是濒危的主要原因。
用　　途 对研究棕榈科植物有一定科研价值。株形优美，成年植株在高温高湿的环境下，茎秆常萌生蘖芽，上举，状如烟斗，垂挂茎上，经久不落，甚具特色，可作观赏树种。

# 银扇葵

棕榈科 Arecaceae
奇特植物。

## Coccothrinax argentea (Lodd. ex Schultes) Sargent ex Becc.

形态特征　叶形扇状，叶面亮绿，中央有一银灰色叶舌，故名为银扇葵。茎单生，高达 10m，粗 5~8cm，叶鞘基部纤维网反曲状。叶扇形，长约 1.1m，宽 62~85cm，掌状深裂；裂片多达 34~45 片，长 35~41cm，宽约 3cm，狭披针形，先端刚硬；叶面亮绿色，背面银灰色；叶柄纤细，两边无刺，顶端呈半月形，啮食状。雌雄同株；花序腋生，多分枝，下垂。果球形，黑褐色；种子有皱纹。
地理分布　原产美国（佛罗里达州）。
生长环境　生于海边干旱的石灰岩山地。
养护要点　播种繁殖。苗期需半阴、通风环境，要求排水良好的肥沃土壤。生长慢，成年植株移植后成活率不高。
用　　途　叶色美丽，微风下闪耀银灰色光芒，适于园林观赏。叶坚韧，用于编织和制帽笠。

棕榈科 Arecaceae
按 IUCN 和《中国物种红色名录》的标准为濒危种

# 老人葵

## Coccothrinax crinita (Griseb.& H.Wendl. ex Kerch.) Becc.

形态特征　秆单生，粗壮，最高可达 6m，直径 10~15cm；茎秆密被白灰色至褐黄色长纤维。叶掌状多裂，深裂至近中部，裂片宽 1.9~3.5cm；叶柄长 45~53cm。花两性，穗状花序，多分枝，花序腋生，比叶柄短。果实圆形，直径约 2cm，有短尖头及厚质条纹。种子具皱褶。
地理分布　原产古巴。我国华南地区有栽培。
生长环境　生于阳光充足的热带及亚热带地区。
养护要点　播种繁殖，种子发芽适温为 25~30℃，需要充足阳光和水分。土壤以肥沃、排水良好的砂质壤土为宜，生长缓慢。
用　　途　幼年植株茎秆密被灰白色至黄褐色长纤维，从基部一直包裹到生长点，形似老人胡须，故名“老人葵”，适于园林观赏。

# 尖叶银棕

棕榈科 Arecaceae

奇特植物。

## Coccothrinax miraguama (Kunth) Becc.

形态特征　茎单生，高达 6m，粗约 10cm。叶圆形，直径约 60cm，掌状深裂；羽片有 40~45 片，长 45~60cm，宽 4~5cm，基部较宽，往上渐窄成剑形；叶面绿色，背面灰绿色；叶脉明显凸起，有突出的叶舌；叶柄长约 1.1m，宽约 2cm，扁平无刺，淡绿色；叶鞘基部密被纤维。雌雄同株；花序腋生，多分枝，花穗长达 70cm，较叶柄短，淡绿色。果实熟时深褐色。种子圆形，有皱纹。

地理分布　原产古巴。广州有栽培。

生长环境　生于热带干旱的空旷地或海边砂砾地。

养护要点　播种繁殖，播种后 104~120 天发芽，需要充足阳光和水分。生长缓慢。

用　　途　幼年期茎秆密被纤维，从基部一直包裹到生长点，十分奇特。园林观赏。

# 金丝葵

棕榈科 Arecaceae

奇特植物。

## Corypha sylvestris (Blume) Mart.

形态特征　茎单生，高 25~30m，径粗约 50cm，有叶基覆盖，脱落后有螺旋形叶痕环纹。叶掌状，直径 3.5~4.5m，深裂至中部　裂片坚挺，先端钝形并具凹缺，两面亮绿色；叶柄长 3.5~5m，有褐色斑纹和疏粗齿，叶柄末鞘延长伸入叶片，形成长达 30~50cm 的直达叶先端的中肋。雌雄同株；花序生于顶部，多分枝；花小，两性，黄白色，有难闻气味。果实圆形，内有种子 1 粒；种子球形或卵球形，硬实，棕褐色。

地理分布　原产菲律宾、印度、缅甸等地。广州有栽培。

生长环境　生于高温多湿的热带、亚热带地区。

养护要点　播种繁殖，生长缓慢，喜温暖湿润与排水良好的环境，不耐旱，不耐寒。苗期适度荫蔽，成长后需阳光充足。

用　　途　其花序液汁可制酒精、醋、糖和糖浆，故又称“吕宋糖棕”；茎髓含淀粉；嫩芽可作凉拌菜；幼果仁可制甜食；成熟种胚坚硬，可作纽扣或念珠；叶片用作覆盖，包扎烟叶；未张开嫩叶可生产一种优质纤维，用于编织帽带、绳子等；叶柄纤维是用作制造 Calasiao 和 Pototan 帽子的高级原料，称金丝草。

# 根刺棕

棕榈科 Arecaceae

奇特植物。

## Cryosophila albida Bartlett

形态特征 茎单生，高 3~5m，常有叶柄残基及纤维包裹，脱落后茎裸露呈灰色；皮刺突起，长 2~4m，少量皮刺长 6~7m；茎基部有大量气根，为枯叶纤维所包裹，长达 30~40m，粗约 3~8mm，接触地面后伸入土壤形成支柱根。叶片圆形，直径约 1.8m，掌状深裂或浅裂，叶面绿色，背面密被银灰色鳞秕；叶柄长达 1.5m，粗约 2.5cm。雌雄同株；花序腋生。果球形或卵圆形。种子卵圆形。

地理分布 原产中美洲哥斯达黎加、巴拿马等地。广州有栽培。

生长环境 生于高温、湿润、半阴的环境。

养护要点 播种繁殖。生性强健，对土壤要求不严，碱性土壤也能正常生长。生长适温 20~30℃。

用　　途 观赏、绿化。

# 酒瓶椰

## Hyophorbe lagenicaulis (L. H. Bailey) H. E. Moore

形态特征 茎单生，在近地面处稍细，逐渐增粗，最大茎粗可达 38~66cm，近冠茎处又收缩变细，状如瓶颈。叶羽状，全裂，每边有羽片 40~70 枚；羽片披针形，长 45cm，基部稍隆起，叶色淡绿，叶质坚挺，叶的边缘在叶轴两侧重迭，除中脉外有侧脉 4 条，凸起于表面，背面有鳞片；叶柄长 30~40cm，绿色。雌雄同株。果椭圆形；种子椭圆形，长 1.0~1.5cm。

地理分布 原产马斯卡林群岛。我国台湾、广东、广西等有栽培。

生长环境 生于高温湿润，阳光充足的海边。

养护要点 播种后经 45 天发芽，发芽适温为 25~30℃。在 5℃以下容易遭受冻害。

用　　途 园林观赏。

棕榈科 Arecaceae

按 IUCN 和《中国物种红色名录》的标准为极危种。

# 封开蒲葵

棕榈科 Arecaceae
奇特植物

## **Livistona fengkaiensis** X. W. Wei. et M. Y. Xiao

形态特征 茎单生，高 5~20m，粗 20cm，有宿存老叶基。叶掌状深裂，径约 1.2m，呈心状圆形，有裂片 80~90 片，革质，亮绿色；裂片长条形，长 70~80cm，基部宽约 1cm；叶柄长 1.3m，3 棱形，粗壮，上面有槽，两侧密排黑褐色下弯的锐刺齿。雌雄同株；花序腋生，多分枝，长 80~110cm，被短柔毛和瘤状突起物。果椭圆形，长约 3.5cm，干后浅蓝色；种子椭圆形，带内果壳种子长 2.3cm，厚 1.8cm。
地理分布 广东、海南、福建、云南。
生长环境 生于山谷林中。
养护要点 播种后经 9~10 天发芽。苗期需半阴环境。
用　　途 四季常绿，叶大如扇，约 10 年可开花结果，园林观赏或作行道树；叶和叶柄可加工成工艺品。

棕榈科 Arecaceae
奇特植物

# 牙买加箬棕

## **Sabal jamaicensis** Becc.

形态特征 乔木状，高约 13m 以上，径粗约 50cm。茎灰白色，幼时被叶基残余，后变光滑。叶圆形，掌状浅裂，直径 1m 以上，上面淡灰绿色，背面无白粉；中肋延长，强反折；裂片多数，约有 80 余片，先端尖锐劲直；叶柄长 1~2m，上面浅凹槽，背面圆形；舌状体长达 2cm。雌雄同株；花序腋生。果卵球形，灰褐色；种子扁球形。
地理分布 原产牙买加。广州有栽培。
生长环境 生于热带高温和阳光充足环境。
养护要点 播种繁殖，35~185 天发芽，喜肥沃、排水良好土壤，但瘠薄半沙质土也可正常生长。
用　　途 植株粗壮，生性强健，适合园林观赏，或供大型盆栽摆饰。

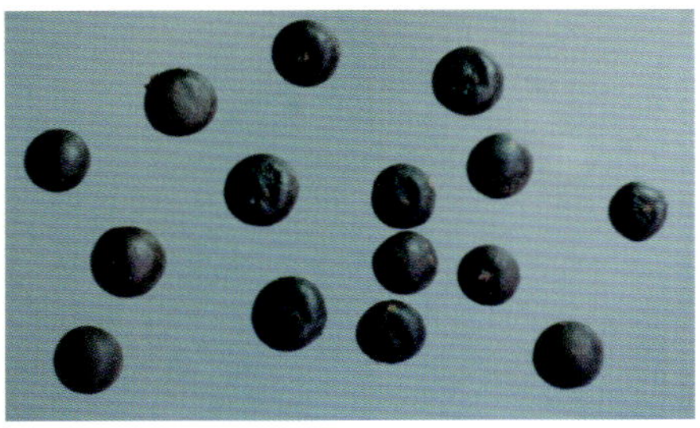

# 阿根廷长刺棕

棕榈科 Arecaceae
奇特植物。

## Trithrinax campestris (Burmeist.) Drude & Griseb.

形态特征 茎单生，高 4m 以上，茎被编织如带的纤维所包裹，有粗糙的纵向条纹。叶长圆形，长 68~70cm，宽 45~53cm，羽状深裂，劲直伸展；羽片 20~22 片，长 30~46cm，先端深裂，小裂片长 9~15cm；叶背被腊质；主脉在叶背明显突起；叶柄基部被浓密的纤维以及长 8~16cm 针刺状毛；叶柄扁平，无刺，长 30~35cm，宽约 3cm。雌雄同株；花序腋生，多分枝，花黄色。果球形，白色。

地理分布 原产南美巴西和阿根廷。广州有栽培。

生长环境 生于热带、亚热带温暖、湿润、向阳的环境。

养护要点 播种繁殖，发芽适宜温度为 28~32℃，发芽时间较长。耐旱，适宜栽植于疏松、肥沃、排水良好土壤和通风良好的环境。

用　　途 庭园栽培观赏，或盆栽摆饰。

## 狐尾椰

棕榈科 Arecaceae

按IUCN和《中国物种红色名录》的标准为近危种。

### **Wodyetia bifurcata** A. K. Irvine

形态特征　乔木状，高达10~15m，茎单生，银灰色，有光泽，中部膨大呈瓶状，有环纹叶痕。叶聚生茎顶，成年植株有叶8~11片，长4.6~6.1m；小叶羽状深裂几达叶轴，裂片辐射排列呈狐尾状；裂片线形；叶柄粗壮；叶鞘管状抱茎，形成明显的冠茎。雌雄同株；花序生于冠茎下，花白色。果椭圆形，长5.5cm，厚3.5cm，成熟时红色至橙红色；种子通常被粗硬的黑色纤维包裹，卵圆形或椭圆形，长2.8cm，宽2cm，表面有龟板形花纹，顶部具喙。

地理分布　原产澳大利亚。广州有栽培。

生长环境　温暖、湿润、阳光充足的亚热带地区。

养护要点　播种后经39~100天发芽，发芽适宜温度为25~30℃。适宜栽植于疏松、肥沃、排水良好的砂质壤土。在广州栽培无冻害。

用　　途　园林栽培观赏或作行道树。

## 裂果箭根薯

### **Schizocapsa plantaginea** Hance

形态特征　多年生草本，高达30cm。根状茎粗短，常弯曲。叶窄椭圆形或窄椭圆状披针形，顶端渐尖，基部下延；叶脉明显，侧脉基部与中脉合生；叶柄基部有鞘。总苞片4片，外轮2片较大，卵形，内轮2片常较小，披针形；小苞片线形；伞形花序有花8~15朵，花被裂片6片，外轮3片披针形，内轮3片卵圆形，顶端具小尖头；柱头3裂，每裂片又2浅裂。蒴果，3瓣裂。花果期4~11月。

地理分布　福建、江西、湖南、广东、广西、贵州及云南。泰国、越南及老挝。

生长环境　生于海拔200~600m的水边、山谷、林下、路边或田边等潮湿环境。

养护要点　播种、分株繁殖，喜高温高湿气候和阴湿环境。

用　　途　根状茎药用。

蒟蒻薯科 Taccaceae

奇特植物。

# 蒟蒻薯

蒟蒻薯科 Taccaceae

按 IUCN 和《中国物种红色名录》的标准为近危种。

## Tacca chantrieri André

形态特征　多年生草本；根状茎近圆柱形。叶长圆形或长圆状椭圆形，顶端短尾尖，基部楔形，两侧不对称，基部抱茎，叶缘有细齿，稍呈波浪状。花葶较长；总苞片 4 片，暗紫色，外轮 2 片卵状披针形，内轮 2 片宽卵形；小苞片线形；伞形花序有花 5~7 朵；花被裂片 6 片，紫褐色，外轮花被裂片披针形，内轮花被裂片卵形，顶端具小尖头。花果期 4~11 月。

地理分布　海南、广东、广西、云南。越南、老挝、柬埔寨、马来西亚、印度和印度尼西亚。

生长环境　生于海拔 170~1 300 m 的水边、林下或山谷阴湿处。

养护要点　播种、分株繁殖，喜高温高湿气候和阴湿环境。

用　　途　园艺观赏；根状茎药用，清热解毒，消炎止痛。

# 三褶虾脊兰

## Calanthe triplicata (Willem.) Ames

兰科 Orchidaceae
国家二级重点保护野生植物。
按 IUCN 和《中国物种红色名录》的标准为近危种。

形态特征 地生兰，茎很短，圆柱形。叶 3~4 片，椭圆形或椭圆状披针形。花葶发自叶腋，高约 70cm 或更长；总状花序密生于许多花，花初开时白色，后转为橘黄色，盛花时成球状，唇瓣和花瓣胼胝体黄色或橙色；萼片和花瓣有些反折，萼片近椭圆形，背面被短柔毛，花瓣倒卵状披针形；唇盘基部与蕊柱合生，3 深裂；中裂片 2 裂；唇盘上具疣状突起物，距白色，圆筒形，比花梗短，外面有短毛。花期 5~6 月。

地理分布 广东、广西、云南和福建。东南亚、澳大利亚。

生长环境 多生于常绿阔叶林下、林缘处。

养护要点 喜半阴、湿润、温暖通风环境，要求土质疏松、富含腐殖质的土壤。

濒危原因 因过度挖采，破坏极为严重，在原产地残存数量不多。

用　　途 花白色，多而密，盛花时形似花球，花期长，十分可爱，有极高的观赏价值，高档园林绿化作地被栽植或盆栽观赏；也可作切花。

# 西藏虎头兰 × 象牙白

## Cymbidium tracyanum × C. eburneum

形态特征 附生或半附生兰，株型大型，假鳞茎粗壮，卵状椭圆形，长 8~12cm，直径 3~5cm。叶 5~11 片，带状，长达 1m，宽 2~2.6cm，叶色浓绿，外弯披垂，顶端近急尖，下部具关节。花葶在假鳞茎基部抽出，高约 80cm，直立或斜出，有花 8~16 朵；花大，橙黄色，有暗红褐色脉纹，红褐色斑点，有香味；萼片倒卵状矩圆形，侧萼片扭曲；花瓣镰刀状；唇瓣卵状椭圆形，外弯，3 裂，淡黄白色并有红褐色斑点，中部有黄色绒毛。花期 12 月至翌年 2 月。

地理分布 杂交种，为华南植物园程式君教授由母本西藏虎头兰与父本象牙白杂交而得，适应性强，华南地区栽培。

生长环境 适于热带、亚热带高温高湿环境生长。

养护要点 分株繁殖。要求冬季温暖，夏季凉爽，通风湿润、阳光充足的环境，宜种植于疏松透气、富含腐殖质的砂质壤土。

用　　途 春节应节时花，花大色艳，花期长，有较高的观赏价值，用于高档种植于园林绿化配置或盆栽观赏。

兰科 Orchidaceae
奇特植物。

# 小黄花石斛

## Dendrobium jenkinsii Wall. ex Lindl.

兰科 Orchidaceae
国家二级重点保护野生植物。
按 IUCN 和《中国物种红色名录》的标准为易危种。

形态特征 附生兰，茎短小，密集或丛生，两侧压扁状，纺锤形，具4个棱和2~3个节，被白色膜质鞘。叶顶生，革质，长圆形，叶长1~3 cm，顶端2钝裂，边缘波状，基部收狭。花葶自茎上端抽出；总状花序，着生1~3朵花；花黄色，开展，薄纸质；花瓣与萼片相似，近等大，顶端圆钝；唇瓣近肾形，上面密被短绒毛，不裂。花期5~6月。
地理分布 云南东南部。中南半岛、印度东北部。
生长环境 附生于热带森林中大的树干或岩石上。
养护要点 喜光，喜温暖湿润的环境，须附生于树上或岩石上。
濒危原因 人为过度采集，野生资源破坏严重，数量日趋减少是濒危的主要原因。
用　　途 药用作中成药制药原料；可模仿其自然生境附生在树上观赏或挂壁栽培观赏。

# 铁皮石斛

## Dendrobium officinale Kimura & Migo

形态特征 附生兰；茎圆柱形，直立，表皮呈铁绿色而得名，高15~50cm，粗0.4~0.8cm；节间披有白色的膜质鞘。叶互生，纸质，长圆状披针形，长3~6cm，宽0.8~1.5cm，顶端略钩转，叶鞘抱茎。总状花序，生于无叶茎的上中部节间，有花3~5朵；花淡黄绿色，稍有香气；花瓣短于萼片；唇瓣菱形，长约1.5 cm，宽约8 mm，顶端渐尖，近上部中间有圆形紫色斑块，近下部中间有黄色胼胝体。花期4~5月。
地理分布 安徽、浙江、四川、云南、广西。
生长环境 附生于林中树上和林下半阴湿的石壁上。
养护要点 喜高温高湿、半阴、通风的环境，要求附生在树上或枯木上，宜栽植于石砾多的土质。
濒危原因 由于生长环境苛刻，民间药用长期过度采挖，致使野生资源濒临灭绝。
用　　途 名贵的中草药，用于目暗不明、口干烦渴等症。花姿优美，适于盆栽观赏。

兰科 Orchidaceae
中国特有种。
国家二级重点保护野生植物。
按 IUCN 和《中国物种红色名录》的标准为极危种。

# 独角石斛

## **Dendrobium unicum** Seidenf.

兰科 Orchicaceae
奇特植物。

形态特征 附生兰。茎直立，丛生，肉质，多节，圆柱形，长 8~18cm，宽 0.4~0.6cm，有白色的叶鞘包裹。叶 2 列，互生，狭长披针形，顶端凹陷，基部抱茎。总状花序，生于老茎上的节间，通常有花 1~3 朵，花橙色；萼片和花瓣近等长，长椭圆状披针形，顶端尖锐，向后卷曲，橙红色，外型如独角兽，长 1.5~2.5cm，宽 0.5~0.8cm；唇瓣菱形，橙色，位于上方且向上仰，不甚开展，具有多数深红色脉纹和斑点，唇瓣中部有一条浅黄白色的突起物；柱头黄白色。花期 5~6 月。

地理分布 越南。华南地区有栽培。

生长环境 多生于林中树上、石壁上。

养护要点 喜光，喜温暖、湿润的环境，须附生在树上、枯木或石砾上。

濒危原因 由于人为过度采集，在原产地残存数量不多。

用　　途 花期长，花形独特，观赏价值高，适于盆栽观赏。

兰科 Orchidaceae
国家二级重点保护野生植物。
按 IUCN 和《中国物种红色名录》的标准为濒危种。

# 仙笔鹤顶兰

## **Phaius columnaris** C. Z. Tang et S. J. Cheng

形态特征 地生兰。假鳞茎深绿色，直立，粗壮，长圆柱形，长 15~30cm，直径 3~5cm，多节。叶 3~7 片，互生于茎上部，叶大，叶面皱折呈折扇状。花葶侧生于假鳞茎基部第一个节上；总状花序，花稍肉质，稍俯垂，不甚展开；萼片白色，先端绿色，侧萼片镰刀状；花瓣乳白色，形状与侧萼片相似，唇瓣近圆形，贴生于蕊柱基部，前端微裂；唇盘有 2~3 条黄色的龙骨状突起物；距圆柱形，具短蕊柱足和白色长毛。花期 6 月。

地理分布 广东、贵州、云南。

生长环境 生于石灰岩山地疏林下或湿润林缘。

养护要点 喜温暖、湿润和半阴环境，不耐寒，要求肥沃、疏松、排水良好、富含腐殖质的砂质壤土。

濒危原因 分布范围窄，人为过度挖采，原产地数量日趋减少。

用　　途 株形优美，假鳞茎粗壮，具有极高观赏价值，盆栽供室内观赏。或栽于庭院树丛下、棚架之旁、石旁及溪边观赏。

# 酸竹

## **Acidosasa chinensis** C. D. Chu et C. S. Chao

竹亚科 Bambusoideae
中国特有种。
国家二级重点保护野生植物。
按 IUCN 和《中国物种红色名录》的标准为极危种。

形态特征　常绿小乔木状竹类，秆散生，绿色，幼时密披短刺毛。秆环与箨环微凸起；秆中部每节分 3 枝，上部有时 5 分枝。叶长圆状披针形，边缘有锯齿，小横脉明显。花枝顶生，长 9~25cm；苞片三角形；3~5 枚小穗组成总状或圆锥花序；笋中上部扁平，箨鞘质脆，褐红色。笋期 4~5 月；花期 10 月。
地理分布　广东阳春。
生长环境　生于海拔 200~800m 的山坡疏林下或空旷地上。
养护要点　宜植于酸性黄红壤。
濒危原因　本种分布区域狭小，是唯一的居群。
用　　途　秆可供造纸或篾用，笋可食用。

竹亚科 Bambusoideae
奇特植物。

# 青丝黄竹

## **Bambusa eutuldoides** var. **viridi-vittata** (W. T. Lin) Chia

形态特征　秆高 6~12m，直径约 5cm。秆节间具柠檬黄色纵条纹；节间长 30~40cm，幼时薄被白蜡粉，壁较薄；节微隆起；分枝自秆基部第二或第三节上开始分出，数至多枝簇生。秆箨早落，箨鞘背面无毛，顶端呈极不对称的弧拱形；箨耳大的一枚有强波状皱褶，边缘有少许刚毛；箨舌高约 4mm，边缘呈不规则齿裂或条裂；箨片直立，易脱落，呈不对称的三角形。叶鞘无毛；叶耳有时不存在；叶舌高 0.5mm，边缘具微齿；叶片长 12~25cm，宽 1.5~2.5cm，上面无毛，下面密被短柔毛。笋期 6~9 月。
地理分布　广东惠阳。
生于环境　生于村旁或溪旁。
养护要点　须水肥条件好的地方种植。
用　　途　园林观赏。

# 小叶琴丝竹

## Bambusa multiplex 'Stripestem Fernleaf'

形态特征 秆高 1~3m，直径 0.5~2cm，秆黄色，节间具绿色纵条纹；节间长 30~50cm，上半部被棕色小刺毛；节微隆起，无毛；分枝自秆基部第二或第三节上开始分出，数至多枝簇生。秆箨早落，幼时薄被白粉；箨鞘背面无毛，顶端呈不对称的弧拱形；箨耳极小，边缘有少许刚毛；箨舌高 1~1.5mm，边缘呈不规则短齿裂；箨片直立，易脱落，狭三角形，基部与箨鞘顶端近等宽。叶枝具叶 12~20 片；叶鞘无毛；叶耳肾形，边缘具波曲状刚毛；叶舌圆拱形，高 0.5mm，边缘微齿裂；叶片长 1.6~4cm，宽 5~10mm，上面绿色，无毛，下面粉绿色，密被短柔毛。笋期 6~8 月。

地理分布 香港、台湾；广州有栽培。

生于环境 生于村旁。

养护要点 须水肥条件好的地方种植。

用　　途 园林观赏。

竹亚科 Bambusoideae

奇特植物。

# 黄金间碧竹

## Bambusa vulgaris 'Vittata'

形态特征 秆疏丛生，高 8 ~ 15m，直径 5 ~ 9cm。节间黄色，具宽窄不等的绿色纵条纹。分枝常自秆下部节上开始分出，数至多枝簇生。秆箨早落；箨鞘背面绿色，生棕色刺毛；箨耳长圆形或肾形，斜升，宽约 1cm，边缘具弯曲的粗毛；箨舌高约 4mm，边缘细齿裂，并被极短的白纤毛；箨片直立，易脱落，宽三角形至三角形；叶鞘初时疏被棕色糙硬毛；叶舌高 1mm 或更低；叶片狭披针形，长 10 ~ 30cm，宽 1.3 ~ 2.5cm，两面无毛。笋期 6 ~ 8 月。

地理分布 云南、广西、广东、海南、台湾。

生于环境 生于村旁。

养护要点 要求水肥条件好的地方种植。

用　　途 园林观赏。

竹亚科 Bambusoideae

奇特植物。

# 大佛肚竹

## Bambusa vulgaris ‘Wamin’

形态特征　秆疏丛生，高 2~8m，直径 3~8cm；下部各节间极为短缩，而其基部膨胀。分枝常自秆下部节上开始分出，数至多枝簇生。秆箨早落；箨鞘背面绿色，生脱落性暗棕色刺毛，箨耳发达，长圆形或肾形，宽约 1cm，边缘具弯曲的粗毛；箨舌高约 4mm，边缘细齿裂，并被极短的白纤毛；箨片直立，宽三角形至三角形，背面疏生暗棕色小刺毛，腹面脉间密生暗棕色小刺毛，基部宽度为箨鞘顶端的 1/2。叶鞘初时疏被棕色糙硬毛，后变无毛；叶舌高 1mm 或更低；叶片狭披针形，长 10~30cm，宽 1.3~2.5cm，两面无毛。笋期 6~8 月。

地理分布　我国华南以及浙江、福建、台湾等省的庭园中有栽培。

生于环境　生于村旁。

养护要点　要求水肥条件好的地方种植。

用　　途　园林观赏。

竹亚科 Bambusoideae

奇特植物。

竹亚科 Bambusoideae

奇特植物。

# 吊丝竹

## Dendrocalamus minor (McClure) Chia et H. L. Fung

形态特征　秆高 8~12m，直径 6~8cm，尾梢悬垂。节间长 35~45cm，壁较薄；分枝常从秆中部节上开始分出，多枝簇生。秆箨早落；箨鞘革质，背面贴生棕色刺毛；箨耳极小；箨舌高 4~8cm，边缘深裂；箨片卵状披针形。叶在每小枝上 3~5 片；叶鞘无毛；叶舌高 1cm；叶片长圆状披针形，长约 18cm，宽 2.5~5.5cm，两面无毛。假小穗 5~10 枚簇生于花枝各节上，紫色，倒卵状长圆形，长约 1cm，花 4~5 朵；颖通常 2，长 6cm，宽 4cm；鳞被缺；子房卵形；柱头 1 枚，被绒毛。果长卵形，长 5mm，径约 3mm，顶端具喙。笋期 6~8 月。

地理分布　广东、广西。

生于环境　生于村旁。

养护要点　要求水肥条件好的地方种植。

用　　途　园林观赏。

# 歪脚龙竹

## **Dendrocalamus sinicus** L. C. Chia & J. L. Sun

形态特征 秆高 20~30m，直径 20~30cm。节间长 17~22cm；枝下高 3~5m，主枝不发达。秆箨在不分枝节上迟落或宿存；箨鞘厚革质，背面疏生柔毛，内面脉间被小刺毛；箨耳极小；箨舌高 6mm；箨片背面疏被柔毛，内面脉间被小刺毛。末级小枝约有叶 8 片；叶鞘幼时被茸毛，后变无毛；叶舌高约 2mm；叶片长圆状披针形，长 20~40cm，宽 4~6.5cm，两面疏被柔毛或近无毛。假小穗略扁，长 3~3.5cm，宽 6.5~7.5mm，含花 5~6 朵；子房卵形，柱头 1 枚。笋期 7~9 月。
地理分布 云南。广州有栽培。
生于环境 生于村旁。
养护要点 要求水肥条件好的地方种植。
用　　途 园林观赏。

竹亚科 Bambusoideae
奇特植物。

竹亚科 Bambusoideae
奇特植物。

# 小梨竹

## **Melocanna humilis** Kurz

形态特征 秆疏丛生，高达 6m，直径 2~3.5cm。节间长 20~50cm。分枝常自秆下部节上开始分出，数至多枝簇生。箨鞘硬革质，幼时黄绿色，背面贴生脱落性白色小刺毛，鞘长 10~15cm，箨耳不明显；箨舌低矮，边缘具细齿，箨片三角形，长 10~30。末级小枝具 5~10 片叶，叶鞘无毛，叶耳极小或不存在，鞘口边缘每边 8~10 条；叶片披针形，长 15~24cm，宽 2.5~3.5cm，上面无毛，下面被幼被微毛。浆果梨形，长 5~11.5cm，直径 4~7cm，果皮坚硬。花期 3~4 月；果期 4~6 月。
地理分布 原产孟加拉国。广州有栽培。
生于环境 生于村旁。
养护要点 要求水肥条件好的地方种植。
用　　途 园林观赏。

# 龟甲竹

竹亚科 Bambusoideae
奇特植物。

## Phyllostachys heterocycla (Carr.) S. Matsum

形态特征 秆高可达 15m，直径达 8~15cm。中部以下的一些节间极为缩短而于一侧肿胀，相邻的节交互倾斜而于一侧彼此上下相接或近于相接；节间长 15~30cm，幼时被绒毛或白粉；秆环平，箨痕显著隆起，常于解箨后生一圈褐色绒毛。秆箨早落；箨鞘背面黄褐色至紫褐色，密被棕色刺毛和深褐色斑点或斑块，并密被白粉，边缘密生纤毛；箨耳镰刀形；箨舌高 2cm，具粗长的黑色刚毛；箨片披针形或近带状。末级小枝具叶 2~4 片；叶鞘淡黄色，无毛；鞘口刚毛缺或仅 2~3 条；叶舌低矮，高 1~3cm；叶片披针形，长 4~11cm，宽 5~14mm，除下面基部外均无毛。笋期 3~5 月。

地理分布 黄河以南各省区。

生于环境 生于山地林中。

养护要点 要求排水性良好的、土层深厚的坡地种植。

用　　途 园林观赏。

# 中文名索引

# 学 名 索 引

图书在版编目（CIP）数据

珍奇植物 / 任海 主编 . – 武汉 : 华中科技大学出版社 , 2012.7

ISBN 978-7-5609-7904-5

Ⅰ . ①珍… Ⅱ . ①任… Ⅲ . ①植物 – 普及读物 Ⅳ . ① Q94-49

中国版本图书馆 CIP 数据核字（2012）第 086068 号

珍奇植物 任海 主编

出版发行：华中科技大学出版社（中国・武汉）
地　　址：武汉市武昌珞喻路1037号（邮编：430074）
出 版 人：阮海洪

策划编辑：王　斌
责任编辑：段自强
责任校对：段园园
责任监印：秦英
装帧设计：百彤文化

印　　刷：利丰雅高印刷（深圳）有限公司
开　　本：889 mm × 1194 mm 1/16
印　　张：13.75
字　　数：118千字
版　　次：2012年7月第1版 第1次印刷
定　　价：180.00元

投稿热线：（020）66638820　　1275336759@qq.com
本书若有印装质量问题，请向出版社营销中心调换
全国免费服务热线：400-6679-118 竭诚为您服务